Echtzeit-Programmierung bei Automatisierungssystemen

Von Dr. sc. techn. Walter Schaufelberger
o. Professor an der Eidgenössischen
Technischen Hochschule Zürich

Dipl.-Ing. Peter Sprecher
und Dipl.-Ing. Peter Wegmann
Eidgenössische Technische Hochschule Zürich

Mit 91 Bildern

 Springer Fachmedien Wiesbaden GmbH 1985

Prof. Dr. sc. techn. Walter Schaufelberger

Geboren 1940 in Zürich. Von 1960 bis 1964 Studium Elektrotechnik an der Eidgenössischen Technischen Hochschule in Zürich. Promotion 1968 mit einer Arbeit über modelladaptive Systeme. Von 1968 bis 1971 Oberassistent am Institut für Automatik und Industrielle Elektronik der ETH. 1971 bis 1972 Visiting Lecturer an der Queen's University in Kingston, Kanada. 1972 Wahl zum Assistenzprofessor an der ETH mit Beförderungen 1977 zum außerordentlichen Professor und 1983 zum Professor für Automatik.

Dipl.-Ing. Peter Sprecher

Geboren 1955 in Chur, Schweiz. Von 1975 bis 1980 Studium an der Eidgenössischen Technischen Hochschule mit Abschluß als Dipl. El.-Ing. Seit 1980 Assistent am Institut für Automatik und Industrielle Elektronik der ETH Zürich.

Dipl.-Ing. Peter Wegmann

Geboren 1941 in Walenstadt SG. 1962 bis 1966 Studium der Elektrotechnik an der ETH Zürich. 1967 Assistent am Institut für Automatik und Industrielle Elektronik der ETH (Prof. Ed. Gerecke). 1968 Tätigkeit in der Industrie. Seit 1969 wissenschaftlicher Mitarbeiter am Institut für Automatik und Industrielle Elektronik der ETH Zürich (Prof. Dr. M. Mansour).

CIP-Kurztitelaufnahme der Deutschen Bibliothek
Schaufelberger, Walter:
Echtzeit-Programmierung bei Automatisierungssystemen /
von Walter Schaufelberger, Peter Sprecher u.
Peter Wegmann. — Stuttgart : Teubner, 1985.
 (Teubner Studienbücher : Elektrotechnik)
 ISBN 978-3-519-06118-2   ISBN 978-3-322-84846-8 (eBook)
 DOI 10.1007/978-3-322-84846-8

NE: Sprecher, Peter: ; Wegmann, Peter:

Das Werk ist urheberrechtlich geschützt. Die dadurch begründeten Rechte, besonders die der Übersetzung, des Nachdrucks, der Bildentnahme, der Funksendung, der Wiedergabe auf photomechanischem oder ähnlichem Wege, der Speicherung und Auswertung in Datenverarbeitungsanlagen, bleiben, auch bei Verwertung von Teilen des Werkes, dem Verlag vorbehalten.
Bei gewerblichen Zwecken dienender Vervielfältigung ist an den Verlag gemäß § 54 UrhG eine Vergütung zu zahlen, deren Höhe mit dem Verlag zu vereinbaren ist.

© Springer Fachmedien Wiesbaden 1985
Originally published by B. G. Teubner, Stuttgart 1985

Gesamtherstellung: Beltz Offsetdruck, Hemsbach/Bergstraße
Umschlaggestaltung: W. Koch, Sindelfingen

Vorwort

Das vorliegende Buch soll zeigen, wie die Echtzeitprogrammiertechnik bei der Lösung von Automatisierungsaufgaben sinnvoll eingesetzt werden kann. Es richtet sich an Studierende und Lehrer in den Fachbereichen Elektrotechnik, Automatisierungstechnik und Informatik, sowie an Ingenieure, die in der Industrie auf diesen Gebieten tätig sind.

Ausgehend von Erfahrungen, die wir in den letzten zehn Jahren im Unterricht auf dem Gebiet der Prozessdatenverarbeitung an verschiedenen Schulen und in der Industrie gemacht haben, versuchen wir, dem Anfänger den Zugang zu dieser Art von Programmierung durch einen sorgfältigen, schrittweisen Aufbau zu erleichtern. Das Buch ist zu diesem Zweck wie folgt gegliedert:

Im ersten Kapitel wird der Begriff des Automatisierungsproblems erläutert.

Das zweite Kapitel ist den Grundlagen der Programmierung gewidmet. Dabei wird vor allem das Problem der Programm- und Datendarstellung behandelt.

Die maschinennahe Programmierung mit Assemblersprachen bildet den Inhalt des dritten, sehr kurz gehaltenen Kapitels.

Ausführlicher wird im vierten Kapitel die Programmierung mit höheren Programmiersprachen behandelt, weil diese auch für Anwendungen in der Automatisierungstechnik immer wichtiger werden. Weil auf diesem Gebiet zahlreiche Lehrbücher existieren, wird Wert auf eine Uebersicht gelegt.

Im fünften Kapitel über Betriebssysteme finden sich zahlreiche Hinweise für den Anwender, die sonst im allgemeinen nicht in den Handbüchern zu finden sind.

Besondere Anforderungen stellt man an Sprachen und Betriebssysteme, die für die Lösung von Echtzeitaufgaben eingesetzt werden. Das sechste Kapitel bringt eine Einführung und eine Uebersicht über diese Art von Programmierung.

Das letzte Kapitel bringt einige Anwendungen. Zur Einführung wird ein einfacher Proportional-Integral-Regler ausprogrammiert. Ein adaptiver Abtastregler zeigt die Möglichkeit, auch komplexe Algorithmen einfach und übersichtlich zu implementieren.

Das Buch ist im wesentlichen unabhängig von einer Programmiersprache entstanden. Die Beispiele im Text sind in PORTAL ausprogrammiert. In einem von P.Sprecher verfassten Bericht (s. [9] Kapitel 6) wird gezeigt, dass eine enge Verwandtschaft zwischen den gebräuchlichen höheren Echtzeitsprachen besteht.

Wir hoffen auf eine gute Aufnahme der vorliegenden Einführung in die Echtzeitprogrammierung und dass - trotz der an sich trockenen Materie - unsere Begeisterung für die neuen Hilfsmittel der Automatisierungstechnik sichtbar wird.

Zürich im Mai 1985   Die Verfasser

Inhaltsverzeichnis

1.	Automatisierungssysteme	
1.1	Einleitung	1
1.2	Steuerungssysteme	2
1.3	Regelungssysteme	2
1.4	Die Programmierung von Automatiksystemen	3
1.5	Literatur zu Kapitel 1	4
2.	Grundlagen der Programmierung	
2.1	Einleitung	5
2.2	Darstellung sequentieller Programme	5
2.2.1	Flussdiagramme	5
2.2.2	Struktogramme	8
2.2.3	PASCAL-Notation	11
2.2.4	Baumdiagramme	13
2.3	Datendarstellung	14
2.3.1	Einleitung	14
2.3.2	Datentypen	15
2.3.3	Statische Datenstrukturen	16
2.3.4	Dynamische Datenstrukturen	19
2.4	Darstellung von parallelen Programmen	20
2.4.1	Zustandsdiagramme	21
2.4.2	Petrinetze	21
2.4.3	Flussdiagramme für parallele Prozesse	27
2.5	Beschreibung von Programmiersprachen	29
2.6	Methodik der Programmentwicklung	32
2.7	Beispiel zur Entwicklung eines sequentiellen Programmes	33
2.7.1	Ablaufstruktur	34
2.7.2	Aufbau einer Zahl	35
2.7.3	Ausführen der Operationen	36
2.7.4	Stapelbehandlung	37
2.7.5	Programmerstellung (Codierung)	37
2.7.6	Ergänzende Bemerkungen	38
2.8	Literatur zu Kapitel 2	38

3.	Programmierung mit Assemblersprachen	
3.1	Einleitung	39
3.2	Assemblersprachen	39
3.3	Assemblerprogrammierung	41
3.3.1	Ablaufsteuerung	41
3.3.2	Aktionen	44
3.3.3	Datenstrukturen	44
3.3.4	Die Arbeitsweise eines Assembler	44
3.4	Anwendung der Assemblerprogrammierung	44
3.5	Literaturhinweis	45
4.	Programmieren mit höheren Programmiersprachen	
4.1	Einleitung	46
4.1.1	Vor- und Nachteile der höheren Programmiersprachen	46
4.1.2	Die Entwicklung der höheren Programmiersprachen	47
4.2	Uebersicht über einige höhere Programmiersprachen	51
4.2.1	PASCAL	53
4.2.2	BASIC	54
4.2.3	FORTRAN	55
4.3	Programmbeispiele	57
4.4	Compiler	62
4.4.1	Der Aufbau eines Compilers	62
4.4.2	Der Scanner	62
4.4.3	Der Parser	63
4.4.4	Speicherplatzreservation und Befehlserzeugung	66
4.5	Interpreter	66
4.6	Anwendungsgebiete für höhere Programmiersprachen	67
4.7	Literatur zu Kapitel 4	67
5.	Betriebssysteme: Aufbau und Funktionen	
5.1	Einleitung	68
5.2	Wie ist ein Betriebssystem organisiert ?	69
5.3	Welches sind die Aufgaben eines Betriebssystems ?	71
5.4	Die Komponenten eines Betriebssystems	72
5.5	Steuerprogramme und Systemfunktionen	72
5.5.1	Der Monitor-Benutzer Dialog	72
5.5.2	Die Speicherverwaltung	74
5.5.3	Das Laden von ausführbaren Programmen	77
5.5.4	Die Ablaufsteuerung (SCHEDULING)	78
5.5.5	Fehlersuchhilfen (DEBUGGING)	81
5.5.6	Filemanipulationen (FILE HANDLING)	81

5.5.7	Die Verwaltung von Systemtabellen	81
5.5.8	Die Betriebsmittelverwaltung	82
5.5.9	Die Ein/Ausgabe - Steuerung	84
5.5.10	Hilfsfunktionen	84
5.5.11	Systemüberwachung	85
5.6	Arbeits- und Dienstprogramme	85
5.6.1	Kopierroutinen	85
5.6.2	Editoren	86
5.6.3	Assembler, Compiler, Interpreter	88
5.6.4	Binde- und Ladeprogramme	89
5.6.5	Testhilfsprogramme	91
5.6.6	Bibliotheksverwaltungsprogramme	93
5.6.7	Vergleichsprogramme	94
5.6.8	Flickprogramme	94
5.6.9	Die Systemgenerierung	95
5.6.10	Batchprozessoren	96
5.7	Literatur zu Kapitel 5	96
6.	**Echtzeitprogrammiertechnik**	
6.1	Problemstellung	97
6.2	Echtzeitbetriebssysteme	98
6.2.1	Aufgaben eines Echtzeitbetriebssystems	98
6.2.2	Aufbau eines Echtzeitbetriebsystems	99
6.2.2.1	Prozesse und Prozessoren	99
6.2.2.2	Prozessumschaltungen	102
6.2.2.3	Prozesssynchronisation	105
6.2.2.4	Reaktion auf externe Ereignisse	115
6.2.2.5	Einbezug der Echtzeit	115
6.3	Höhere Echtzeitsprachen	116
6.3.1	Unterschiede zwischen gewöhnlichen und Echtzeitsprachen	116
6.3.2	Beispiele von Echtzeitsprachen	117
6.3.3	Anwendungsgebiete	120
6.4	Echtzeitprogrammierung auf Assemblerstufe	121
6.4.1	Allgemeines	121
6.4.2	Das Interrupt-System	121
6.4.3	Prozesse in Echtzeit-Assemblerprogrammen	122
6.4.4	Prozesssynchronisation	123
6.4.5	Externe Ereignisse und Einbezug der Echtzeit	124
6.4.6	Beispiele und Anwendungsgebiete	124
6.5	Literaturverzeichnis zu Kapitel 6	126

7.	**Beispiele zur Anwendung von Echtzeitsprachen**	
7.1	Eine einfache Abtastregelung	128
7.1.1	Anforderungen an das Regelprogramm	129
7.1.2	Entwurf einer Programmstruktur	130
7.1.3	Innere Struktur der Prozesse und Routinen	132
7.1.4	Datenstrukturen	135
7.1.5	Codierung und endgültiges Programm	135
7.1.6	Anwendung des PI-Regelprogrammes	144
7.2	Eine komplexere Abtastregelung	149
7.2.1	Anforderungen an das Regelprogramm	149
7.2.2	Entwurf einer Programmstruktur	150
7.2.3	Der zu implementierende Adaptivregler	153
7.2.4	Anwendung des Adaptivreglers an einem Servosystem	155
7.2.4.1	Modellbildung	156
7.2.4.2	Reglerentwurf	160
7.2.4.3	Resultate	160
7.3	Steuerung einer Modelleisenbahn	165
7.3.1	Aufgabenstellung	165
7.3.2	Gliederung der Steuerung	166
7.3.3	Dispositionsstufe	167
7.3.4	Blockfahrstufe	167
7.3.5	Driverstufe	169
7.4	Programmtechnische Resultate	170
7.5	Literaturverzeichnis zu Kapitel 7	170

1 Automatisierungssysteme

1.1 Einleitung

Unter einem Automatisierungssystem wollen wir einen technischen Prozess mit zugehörender Automatik verstehen (Bild 1.1).

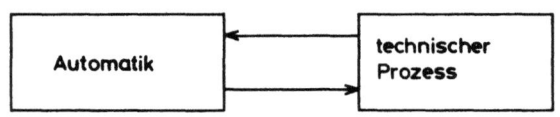

Bild 1.1 Automatisierungssystem

Der technische Prozess kann irgend eine Anlage sein, die automatisiert werden soll. Typische Prozesse sind Antriebsmaschinen aller Art, chemische Reaktoren, Heizungs-, Lüftungs- und Klimaanlagen, Aufzüge, Energieerzeugungs- und Verteilungssysteme etc.

Die Automatik übernimmt die Aufgaben der Ueberwachung, Steuerung und Regelung für den entsprechenden Prozess. Sie muss im allgemeinen auch den Verkehr mit dem Benutzer des Automatisierungssystems regeln. In dieser Arbeit wird angenommen, dass die Automatik mit einem Computer realisiert wird.

Bereits an dieser einfachen Anordnung erkennt man einige Probleme, die später bei der Programmierung auftreten werden. Das zeitliche Verhalten wird meistens vom Prozess diktiert. Die Automatik muss schnell genug reagieren können, wenn der Prozesszustand dies verlangt. Es laufen mindestens zwei Anlagenteile gleichzeitig, nämlich der Prozess und die Automatik, was zu Synchronisations- und Zeitproblemen führen kann. Wenn der Benutzer während des Betriebs der Anlage eingreifen kann, entsteht bereits ein kompliziertes System, das genau durchdacht sein will (Bild 1.2).

Im Computer müssen die Programme für den Betrieb der Anlage "gleichzeitig" mit den Programmen für den Verkehr mit dem Benutzer laufen. Im allgemeinen aber diktiert der Prozess die zeitlichen Verhältnisse.

1. Automatisierungssysteme

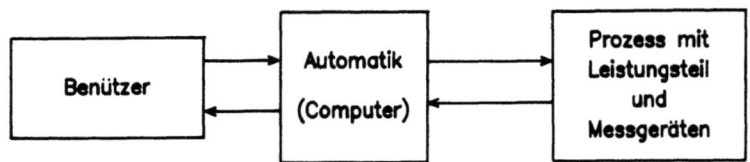

Bild 1.2 Automatiksystem und Benutzer

Die Art der Programmierung, die für eine solche Anlage benützt wird, wird hier als Echtzeitprogrammierung bezeichnet. Das vorliegende Buch soll zeigen, wie solche Echtzeitprogramme erstellt werden können. Es wird also keine Einführung in das Gebiet der Automatik gegeben (das am Ende dieses Kapitels angefügte Literaturverzeichnis enthält eine ganze Reihe solcher Einführungen). Jedoch werden hier noch gewisse Grundbegriffe erläutert.

1.2 Steuerungssysteme

Von Steuerungssystemen sprechen wir hier, wenn vorwiegend digitale Informationen zwischen dem technischen Prozess und der Automatik ausgetauscht werden. Typische Anwendung ist eine Aufzugssteuerung in einem Gebäude. Die Automatik erhält Positionsmeldungen vom Aufzug und Fahr- und Rufbefehle vom Benutzer. Sie muss Fahrbefehle (z.B. aufwärts/abwärts/halt, schnell/langsam) generieren und an den Leistungsteil des Aufzugs weitergeben. Wenn man sich diese Steuerungsaufgabe genauer überlegt, stellt man fest, dass die Realisierung einer guten Steuerung keine einfache Aufgabe ist. Leider gibt es in der Steuerungstechnik im Gegensatz zur Regelungstechnik nur wenige theoretische Hilfsmittel für den Entwurf geeigneter Algorithmen [1].

1.3 Regelungssysteme

Beim Arbeiten mit quasikontinuierlichen Signalen in einem geschlossenen Kreis spricht man von einer Regelung. Als typisches Beispiel wollen wir hier eine Temperaturregelung betrachten. Am Prozess, in diesem Fall zum Beispiel in einem Raum, wird die Temperatur gemessen. Dieses Messsignal wird an den Computer übermittelt. Dieser berechnet

1.3 Regelungssysteme

anhand der gewünschten Temperatur Korrekturen in der Einstellung der
die Heizung beeinflussenden Stellventile und sendet diese an die Anlage. Für den Entwurf von Regelungssystemen existiert eine umfangreiche Literatur [2...9].

Man unterscheidet hauptsächlich zwischen klassischer und moderner
Regelungstechnik. Proportional-Integral-Differential-Regler und Zweipunktregler sind typische Vertreter der klassischen Regler. Sie
können mit einfachen Mitteln entworfen und realisiert werden [7...9].
Moderne Regler sind etwa Zustands-, Beobachtungs- und Adaptiv-Regler.
Der Entwurf ist viel aufwendiger und verlangt meistens viel genauere
Angaben über den zu regelnden Prozess. Bei der Realisierung hängt die
Komplexität sehr davon ab, ob ein fest eingestellter Regler verwendet
werden kann, oder ob ein selbsteinstellender (adaptiver) verwendet
werden muss [2...6].

Beim Entwerfen einer Regelung wird man so vorgehen, dass man zunächst
versucht, die Aufgabe mit einfachen klassischen Mitteln zu lösen.
Erst wenn diese Lösung den gestellten Anforderungen nicht genügt,
soll man auf die aufwendigere Lösung wechseln. Je ein Beispiel für
eine einfache und eine adaptive Lösung finden sich in Kapitel 7.

1.4 Die Programmierung von Automatiksystemen

Wie bereits gesagt, wollen wir uns im folgenden mit der Programmierung von Automatisierungssystemen auseinandersetzen. Dies bedeutet,
dass im Computer Algorithmen für die Steuerung, Regelung und
Ueberwachung zusammen mit Programmen, die den Verkehr mit dem
Benutzer regeln [10], realisiert werden müssen. Dabei entstehen
offensichtlich schnell grosse Programme. Die Uebersichtlichkeit kann
nur dann gewährleistet werden, wenn diese Programme gut strukturiert
sind. Unabhängige Teile sollen unabhängig erstellt werden können, und
die Schnittstellen müssen genau definiert sein. Das Einhalten der
zeitlichen Randbedingungen muss auf einfache Weise überprüft werden
können. Diese Andeutungen weisen darauf hin, dass wir mit Vorteil
höhere Echtzeitprogrammiersprachen anwenden werden. Aus diesem Grunde
ist ein wesentlicher Teil dieses Buches den Problemen der Echtzeitsprachen und -Betriebssysteme gewidmet.

1.5 Literatur zu Kapitel 1

[1] Fasol K.H. (ed): Entwurf digitaler Steuerungen. Springer 1979

[2] Ackermann J.: Abtastregelung I,II. Springer 1972,1983.

[3] Isermann R.: Digitale Regelsysteme. Springer 1977.

[4] Franklin G.F.; Powell J.D.: Digital Control of Dynamic Systems. Addison-Wesley 1980.

[5] Aström K.J.; Wittenmark B.: Computer Controlled Systems. Prentice Hall 1984.

[6] Dorf R.C.: Modern Control Systems. Addison-Wesley 1980.

[7] Unbehauen H.: Regelungstechnik I. Vieweg 1982.

[8] Leonhard W.: Einführung in die Regelungstechnik. Vieweg 1981.

[9] Föllinger O.: Regelungstechnik. AEG Telefunken 1980.

[10] Johannsen G.; Rijnsdorp J.E.: Analysis, Design and Evaluation of Man-Machine Systems. IFAC/IFIP/IFORS/IEA Conference Preprints, Baden-Baden 1982.

2 Grundlagen der Programmierung

2.1 Einleitung

Zu den Grundlagen der Programmierung gehört vorerst die Darstellung von Programmen und Daten. Die Wahl einer geeigneten Darstellung ist besonders bei der Entwicklung und Dokumentation von Programmen von grosser Bedeutung. Die geeignete Darstellungsform hängt dabei von der Art des Problems und vom Zweck der Darstellung ab. Hier werden vorwiegend graphische Darstellungen verwendet.

Das vorliegende Buch ist vor allem für Ingenieure gedacht und diese sind im allgemeinen mit graphischen Darstellungen vertraut. Zuerst werden Möglichkeiten zur Darstellung sequentieller Programme aufgezeigt. Hier existiert denn auch die grösste Vielfalt von Darstellungsarten. Dann wird die Datendarstellung diskutiert. Sie ist besonders bei komplexen Datenstrukturen wichtig. Am Schluss wird noch auf die Darstellung von parallelen Programmen eingegangen. Mit ihnen muss man sich vor allem befassen, wenn auch die Bedienung von Peripheriegeräten in die Programmierung miteinbezogen werden muss. Zentraleinheit und Peripheriegeräte arbeiten im allgemeinen parallel.

2.2 Darstellung sequentieller Programme

Ein sequentielles Programm ist eine Folge von Aktionen. Zu einem bestimmten Zeitpunkt läuft immer nur gerade eine Aktion ab. Es stellt die einfachste Art eines Programms dar. Wenn im normalen Sprachgebrauch von "Programm" gesprochen wird, ist im allgemeinen ein sequentielles Programm gemeint.

2.2.1 Flussdiagramme

Ein Flussdiagramm ist die einfachste und zugleich umfassendste Art der Programmdarstellung. Es wird hier angenommen, dass diese Diagramme für sich selbst sprechen und deshalb keiner weiteren

Erklärung bedürfen. Die Flussdiagramme werden anschliessend zur Erklärung aller weiteren Darstellungen benützt. Sie sind im übrigen nach DIN 66001 genormt. Meist wird aber nur ein Teil der dort vorgesehenen Symbole verwendet, oder aber je nach Anwendungszweck modifiziert.

Flussdiagramme bestehen aus den in den Bildern 2.1 bis 2.4 dargestellten Symbolen verbunden mit Flusslinien.

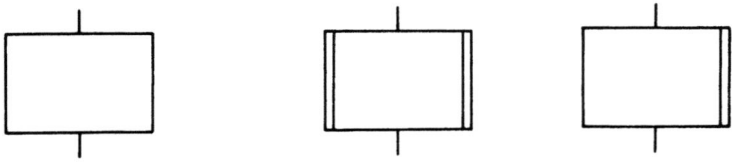

a) Grundsymbol Block   b) Unterprogrammaufruf   c) Makroaufruf

Bild 2.1 Symbole: Block, Unterprogrammaufruf, Makroaufruf

Das Grundsymbol Block (Bild 2.1 a) bezeichnet eine oder mehrere Aktionen, die als Ganzes betrachtet werden können. Ein Makro fasst mehrere Anweisungen zu einer einzigen zusammen (Bild 2.1 c). Jeder Makroaufruf wird durch die vordefinierte Anweisungssequenz ersetzt.

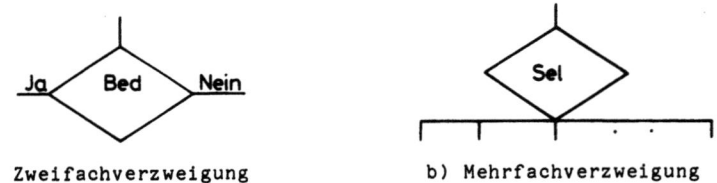

a) Zweifachverzweigung   b) Mehrfachverzweigung

Bild 2.2 Verzweigungssymbole

Bei der Zweifachverzweigung (Bild 2.2) wird der "Ja"-Pfad gewählt, wenn die Bedingung "Bed" erfüllt ist, sonst der "Nein"-Pfad (Alternative). Bei der Mehrfachverzweigung wird derjenige wegführende Pfad benützt, der durch einen Selektor-Wert "Sel" gewählt wird (Fallunterscheidung).

Um sich kreuzende Flusslinien zu vermeiden, teilt man ein Diagramm auf. Der Zusammenhang zwischen den Teilen wird durch Kreise mit gleicher Nummer gekennzeichnet (Bild 2.3 c). Bei mehrseitigen Diagrammen verwendet man dazu die "Häuschen"-Symbole in Bild 2.3 c.

2.2 Darstellung sequentieller Programme

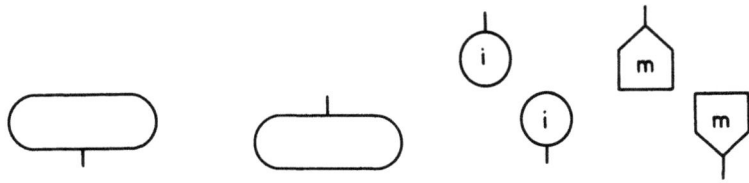

a) Programmanfang oder Unterbrechungsstelle   b) Programmende   c) Verbindungsstellen (Konnektoren) gleiches/anderes Blatt

Bild 2.3   Hilfssymbole

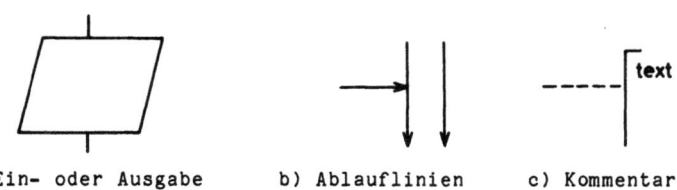

a) Ein- oder Ausgabe   b) Ablauflinien   c) Kommentar

Bild 2.4   Symbole: Ein/Ausgabe, Ablauflinien, Kommentar

Ein Flussdiagramm besteht aus einem Programmanfang und den daran angereihten Symbolen. Dabei muss jeder Pfad entweder zu einem anderen Pfad, einem nächsten Symbol oder zu einem Programmende führen. Bild 2.5 zeigt ein Beispiel.

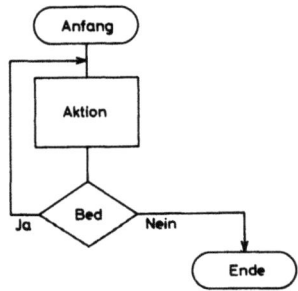

Bild 2.5   Beispiel für ein einfaches Flussdiagramm

Das Flussdiagramm gibt einen Ueberblick über den Ablauf eines Programms. Man kann sich den Ablauf veranschaulichen, indem man eine "Marke" beim Ablauf des Programms mitführt (Bild 2.6). Das Studium solcher Abläufe wird vor allem bei parallelen Programmen eine wesentliche Rolle spielen.

Flussdiagramme können hierarchisch strukturiert werden, indem zu jedem Block in einem Flussdiagramm wieder ein ganzes Flussdiagramm (mit einem Eingang und einem Ausgang) gezeichnet wird.

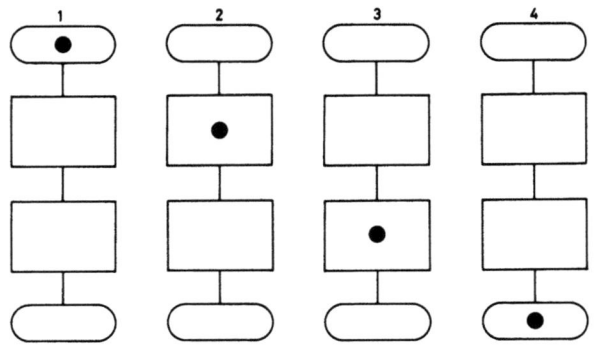

Bild 2.6 Symbolische Darstellung des Programmablaufs

2.2.2 Struktogramme

Es hat sich gezeigt, dass oft keine guten Programme entstehen, wenn die vollständige Freiheit, die man beim Aufstellen von Flussdiagrammen hat, ausgenützt wird. Die Sicherheit beim Programmieren kann wesentlich erhöht werden, wenn man sich auf einige wenige elementare Konstruktionen beschränkt. Diese werden in den Bildern 2.7 bis 2.11 zusammen mit einem äquivalenten Flussdiagramm dargestellt und damit die entsprechenden Struktogrammsymbole definiert. Jeder Strukturblock enthält dabei genau einen Eingang und einen Ausgang. Wesentlich ist zunächst die Zusammenfassung mehrerer Einzelblöcke zu einem Ganzen.

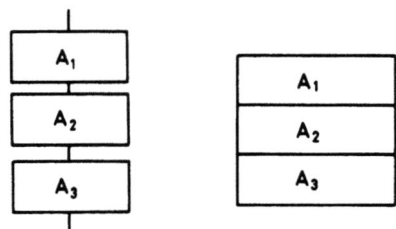

Bild 2.7 Sequenz (Folge)

2.2 Darstellung sequentieller Programme

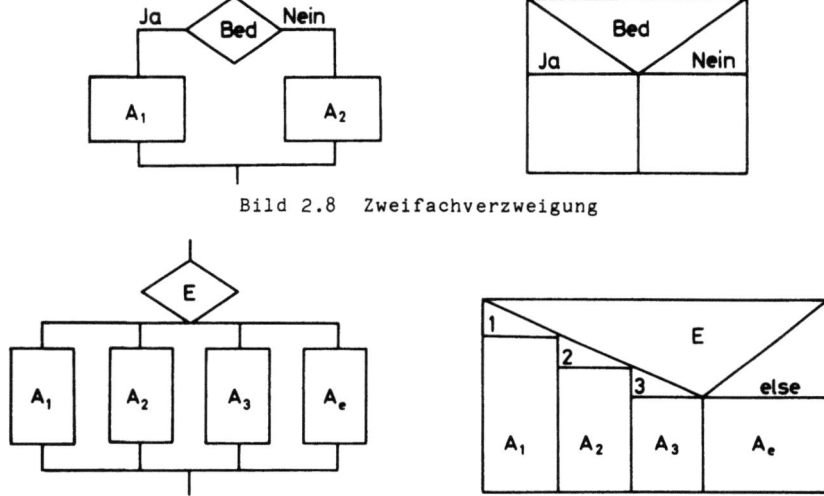

Bild 2.8 Zweifachverzweigung

Bild 2.9 Mehrfachverzweigung

Die Mehrfachverzweigung (Bild 2.9) enthält eine ELSE-Möglichkeit, d.h. es kann eine Aktion spezifiziert werden, die ausgeführt wird, wenn ein unvorhergesehener Fall ausgewählt wird.

Bild 2.10 beschreibt Symbole für die vier logisch verschiedenen Schleifenkonstruktionen.

Das Symbol in Bild 2.11 stellt einen Verweis auf ein weiteres Diagramm dar, das diesen Block näher spezifiziert.

Dies bedeutet, dass der gezeichnete Block in einem weiteren Struktogramm genauer erklärt wird.

Struktogrammsymbole werden beim Entwurf eines Programms kantengleich aneinandergereiht (Beispiel in Bild 2.12). Sie unterstützen dadurch das strukturierte Entwerfen von Programmen. Die obere Kante bezeichnet bei jedem Strukturblock den einzigen Eingang und die untere Kante den einzigen Ausgang. Ein Struktogramm wird demnach immer von oben nach unten durchlaufen.

Struktogramme geben die gewählte Programmstruktur gut wieder. Wenn ein ausssagekräftiger Kommentar eingetragen wird, ist die Lesbarkeit sehr gut.

2. Grundlagen der Programmierung

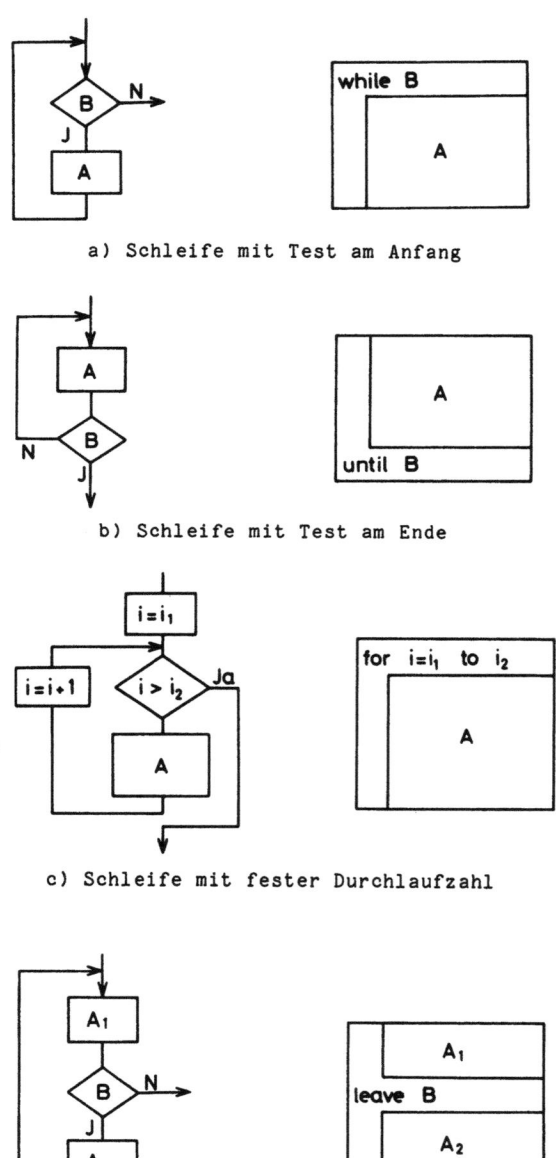

a) Schleife mit Test am Anfang

b) Schleife mit Test am Ende

c) Schleife mit fester Durchlaufzahl

d) Schleife mit Ausgang in der Mitte

Bild 2.10 Struktogrammsymbole für Programmschleifen

2.2 Darstellung sequentieller Programme

Bild 2.11 Verweis auf Details

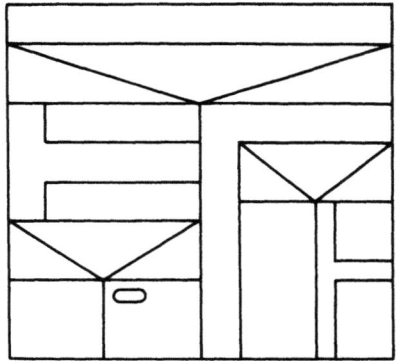

Bild 2.12 Beispiel: Struktogramm mit verschachtelten Blöcken

2.2.3 PASCAL-Notation

PASCAL [1,2] ist eine Programmiersprache, die speziell im Hinblick auf strukturierte Programmierung entwickelt wurde. Sie eignet sich sehr gut zur Darstellung von Programmideen. Es soll hier gezeigt werden, wie die mit den Struktogrammen eingeführten Grundstrukturen der Programmierung mit der Sprache PASCAL dargestellt werden können. Für den Anfänger ergibt sich durch die nur eindimensionale Darstellung in der Sprache im allgemeinen eine Schwierigkeit, während der fortgeschrittene Programmierer die Strukturen in der PASCAL-Notation genau so gut erkennen kann wie in der zweidimensionalen Darstellung. Die Grundstrukturen lassen sich gemäss Bild 2.13 bis 2.16 darstellen. Die in der Sprache reservierten Wörter BEGIN und END bilden Klammern und fassen die Anweisungen a_1, a_2 und a_3 zu einer einzigen zusammen (Bild 2.13). Auf dieselbe Art können beliebig viele Anweisungen zusammengefasst und als Einheit behandelt werden. Verzweigungen werden gemäss Bild 2.14 und 2.15 dargestellt.

2. Grundlagen der Programmierung

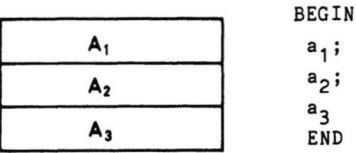

```
BEGIN
  a_1;
  a_2;
  a_3
END
```

Bild 2.13 Sequenz (Folge)

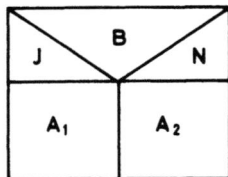

IF b THEN a_1 ELSE a_2

wenn a_2 entfällt:

IF b THEN a_1

Bild 2.14 Zweifachverzweigungen

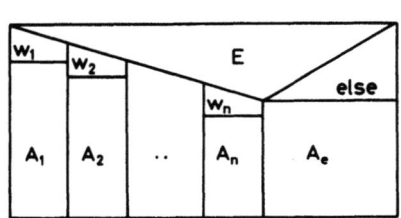

```
CASE e OF
  w_1: a_1;
  w_2: a_2;
   .
  w_n: a_n;
  ELSE a_e
END
```

Bild 2.15 Mehrfachverzweigung (Fallunterscheidung)

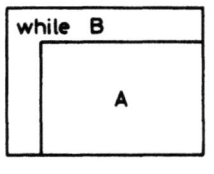

WHILE b DO a

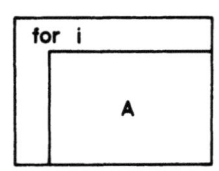

FOR i := i_1 TO i_2 DO a

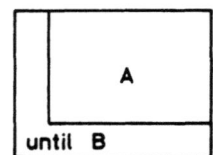

REPEAT a UNTIL B

Sonderfall:

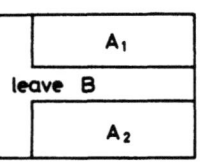

```
REPEAT
  BEGIN
    a_1; IF NOT b THEN a_2
  END
UNTIL b
```

Bild 2.16 Wiederholungsanweisungen in PASCAL

2.2 Darstellung sequentieller Programme

Die ELSE-Bedingung in der CASE Anweisung (Bild 2.15) gehört nicht zum ursprünglichen Sprachschatz von PASCAL. Sie lässt sich aber wenn nötig mit den andern Elementen leicht realisieren. Die Schleifenkonstruktionen von PASCAL werden in Bild 2.16 gezeigt. Für die Schleife mit Abbruch innnerhalb des Wiederholungsbereichs existiert keine genormte Elementaranweisung in PASCAL. Sie kann jedoch gemäss Bild 2.17 realisiert werden.

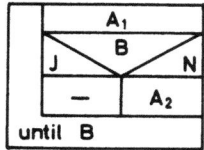

Bild 2.17 Schleife mit Test innerhalb des Wiederholungsbereichs

PASCAL wird im Abschnitt 2.7 als Entwurfs- und Darstellungssprache benützt.

2.2.4 Baumdiagramme

Baumdiagramme eignen sich zur Darstellung von grösseren Programmen und Programmsystemen, wo auf die detaillierte Darstellung von Einzelheiten aus Gründen der Uebersichtlichkeit verzichtet werden soll. Das Baumdiagramm soll die Grobstruktur des Programms darstellen und damit eine übersichtliche Kurzinformation geben. Dabei wird angenommen, ein gut entworfenes Programm lasse sich in Form eines Baumes darstellen. Ein Baum ist wie folgt definiert: Ausgangspunkt ist eine Wurzel. Daran können Knoten anschliessen. Endknoten bezeichnet man als Blätter.

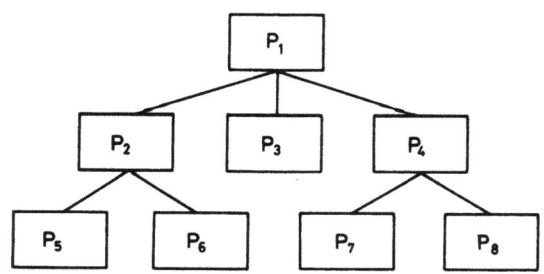

Bild 2.18   Beispiel einer Baumstruktur

Wurzel P_1;   Knoten P_2, P_4;   Blätter P_3, P_5, P_6, P_7, P_8

Geschlossene Wege dürfen nicht vorkommen. Jedes Blatt muss von der Wurzel aus auf genau eine Weise erreichbar sein.

Das Programm wird nun abgearbeitet, indem Stufe um Stufe von links nach rechts vorgegangen wird. Zum Baum in Bild 2.18 gehört damit der folgende Ablauf:

$$P_1-P_2-P_5-P_2-P_6-P_2-P_1-P_3-P_1-P_4-P_7-P_4-P_8-P_4-P_1$$

Einige generelle Angaben über die Programmstruktur sind ferner mit den gegenüber den früher eingeführten verallgemeinerten Symbolen von Bild 2.19 möglich.

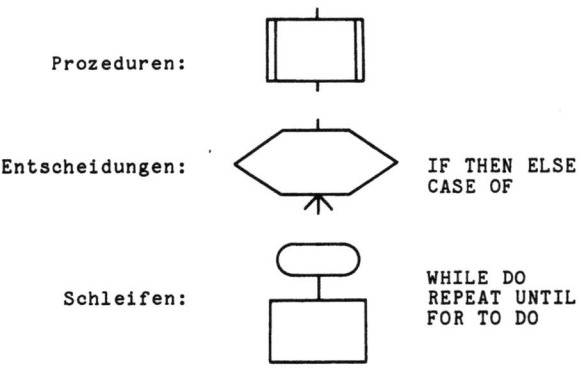

Bild 2.19 Verallgemeinerte Struktursymbole

2.3 Datendarstellung

2.3.1 Einleitung

Ebenso wie Programme aus einfachen Bausteinen aufgebaut sind, lassen sich auch komplizierte Datenstrukturen mit einfachen Datenelementen aufbauen. Letztlich ist jede Darstellung von Befehlen und Daten auf Bitbelegungen zurückführbar. Die Darstellung von Daten soll jedoch hier nicht auf die Stufe der Bitbelegung zurückverfolgt werden, ausser wo dies das Verständnis erleichtert. Die rechnerinterne, meist auch rechnerabhängige Datendarstellung wird also i.a. nicht diskutiert. Hingegen werden die wichtigsten Datentypen und ihre Anwendung kurz erläutert.

2.3 Datendarstellung

Bei den Datenstrukturen ergibt sich ein ähnlicher Aufbau wie bei den Programmstrukturen. Es zeigt sich, dass Programm- und Datenstrukturen miteinander verwandt sind und dass es besonders geeignete Programmkonstruktionen für den Zugriff zu bestimmten Datenstrukturen gibt.

2.3.2 Datentypen

Man unterscheidet grundsätzlich zwischen skalaren und strukturierten Daten. Ein skalares Datenelement ist eine einzelne Komponente, die ausser bei der Programmierung auf Maschinenebene nicht weiter zerlegt wird. In höheren Programmiersprachen sind die wichtigsten skalaren Datentypen standardisiert. So kennt zum Beispiel PASCAL die folgenden Standardtypen:

INTEGER

Daten vom Typ INTEGER sind ganze Zahlen. Sie werden vorwiegend bei Zähl- und Adressoperationen eingesetzt. So benötigt man z.B. beim n-fachen Wiederholen einer Anweisungsfolge einen Schleifenzähler. Um das i-te Element aus einem Feld gleichartiger Daten (Array) auszuwählen, benötigt man einen sogenannten Array-Index (Nummer des Elements im Datenfeld). Beim Arbeiten mit INTEGER-Daten ist stets zu beachten, dass der Bereich der im Rechner darstellbaren ganzen Zahlen beschränkt ist. Er ist im allgemeinen direkt abhängig von der Wortlänge des Rechners. Innerhalb dieses Bereichs lassen sich ganze Zahlen exakt darstellen. Insbesondere sind damit auch die Operationen Addition, Subtraktion, Multiplikation und Test auf Gleichheit exakt ausführbar.

REAL

Daten vom Typ REAL sind Gleitkommazahlen. Sie werden vorwiegend bei numerischen Berechnungen eingesetzt, die einen grossen dynamischen Zahlbereich erfordern (technisch-wissenschaftliche Aufgaben). Der Bereich der vom Rechner darstellbaren Gleitkommazahlen ist so gross, dass die Endlichkeit desselben zumeist keine praktische Einschränkung bedeutet. Hingegen ist zu beachten, dass bei der rechnerinternen Darstellung von Gleitkommazahlen im allgemeinen Rundungsfehler entstehen, da nur eine bestimmte Anzahl der bedeutsamsten gespeichert wird. Gleitkommazahlen sind deshalb im Gegensatz zu ganzen Zahlen zumeist nicht exakt darstellbar. Ein Test auf Gleichheit ist deshalb nicht sinnvoll und bei den arithmetischen Grundoperationen können Rundungsfehler auftreten.

CHAR

Daten vom Typ CHAR sind Buchstaben, Ziffern oder Spezialzeichen. Diese werden intensiv bei der Kommunikation zwischen Mensch und Rechner verwendet. Bei der Ausgabe müssen rechnerspezifisch codierte Informationen durch Konversion in eine Zeichenkette für den Menschen lesbar gemacht werden. Das Umgekehrte gilt für die Eingabe.

BOOLEAN

Daten vom Typ BOOLEAN können nur die beiden Wahrheitswerte "ja/nein" annehmen. Sie werden üblicherweise dazu verwendet, um festzuhalten, ob eine bestimmte Bedingung erfüllt ist oder nicht. Solche Datenelemente werden auch "Flags" genannt.

Selbstdefinierte Datentypen

Bei Bedarf können andere skalare Datentypen selbst definiert werden. In PASCAL geschieht dies, indem man z.B. einen Typ "Farbe" durch Aufzählen aller zugelassenen Werte wie folgt definiert:

TYPE Farbe = (rot, gelb, orange, blau);

Skalare Typen entsprechen den nicht weiter zerlegbaren Aktionen in einem Programm. Zur Darstellung eines skalaren Datenelements genügt meistens die Form:

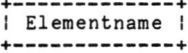
```
+--------------+
| Elementname |
+--------------+
```

Strukturierte Daten bestehen aus mehreren Komponenten. Diese Komponenten sind skalare oder ihrerseits wieder strukturierte Daten. Im folgenden werden einige wichtige Arten strukturierter Daten näher betrachtet.

2.3.3 Statische Datenstrukturen

Bei statischen Datenstrukturen bleiben die Struktur und die Anzahl der Datenelemente während dem Programmablauf fest. Dies ermöglicht es, eine entsprechende Speicherreservation im voraus zu machen.

a) RECORD (Verbund)

Die Zusammenfassung verschiedenartiger Grunddaten zu einem Ganzen nennt man einen Record. Ein typisches Beispiel ist die folgende Personalangabe:

2.3 Datendarstellung

```
NAME:          Mueller           VORNAME:     Heinz
GEBURTSDATUM:  27.8.1956         ZIVILSTAND:  ledig
```

Wenn eine Kartei aufgebaut werden muss, die für jede Person die oben angeführten Angaben enthält, wird man einen Record "Personalangabe" definieren, der aus den vier Angaben besteht. Für jede Angabe wird dazu ein geeigneter Datentyp gewählt.

Die Zusammenfassung verschiedenartiger Elemente zu einem Ganzen wird bei den Programmstrukturen durch das Klammerpaar BEGIN/END realisiert. Die Recordstruktur steht bei den Datenstrukturen auf derselben Stufe.

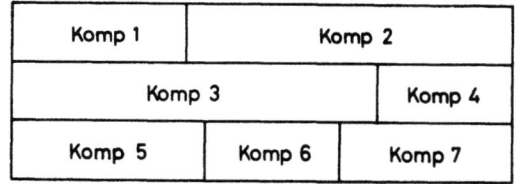

Bild 2.20   Graphische Darstellung der Recordstruktur

Recordstrukturen sollen im weiteren gemäss Bild 2.20 graphisch dargestellt werden. Ihr Aufbau lässt sich wie folgt charakterisieren:

```
Anzahl Komponenten:    fest
Komponententyp:        unterschiedliche Typen möglich
Zugriff zum Record:    über Name
Zugriff zu Komponente: Name.Komponente
```

b) ARRAY (Datenfeld)

Die Zusammenfassung gleichartiger Grunddaten zu einem Ganzen nennt man einen Array. Mit Hilfe eines Indexes kann dabei auf die einzelnen Komponenten zugegriffen werden. Ist zum Beispiel A ein Array mit den Komponenten A[1], A[2], .. , A[5], so sollen unter anderem die folgenden Zuweisungen möglich sein: A[5] := 10   A[3] := 2 * A[4] Dies ist natürlich nur dann zulässig, wenn die Komponenten von A vom Typ INTEGER oder REAL sind. Wiederholungen in Programmen werden durch Schleifen realisiert. Dem Array entspricht in dieser Hinsicht am besten die FOR-Schleife, weil sie eine feste Anzahl von Durchläufen ergibt.

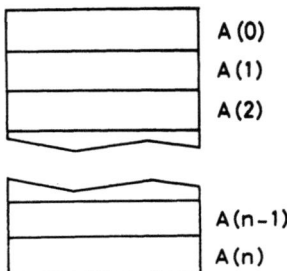

Bild 2.21 Graphische Darstellung eines Array

Graphisch lässt sich ein Array gemäss Bild 2.21 charakterisieren. Sein Aufbau ist wie folgt festgelegt:

```
Anzahl Komponenten:     fest
Komponententyp:         alle gleich
Zugriff zum Array:      Name
Zugriff zu Komponente:  Name[Index] , Index : INTEGER
```

c) SET (Menge)

Die Datenstruktur einer Menge soll die Potenzmenge des Grundtyps sein. Besteht also der Grundtyp zum Beispiel aus den drei Farben "rot", "blau" und "grün", so enthält die Potenzmenge alle Untermengen von Elementen, also die folgenden:

{ } {rot} {blau} {grün} {rot,blau} {rot,grün} {blau,grün} und {rot,blau,grün}

Auf allen Mengen sind nun die normalen Operationen der Mengenlehre erklärt, also:

```
*   Mengen-Durchschnitt
+   Mengen-Vereinigung
-   Mengen-Differenz
IN  Mengen-Einschluss
```

Es werden dazu also bis auf eines dieselben Operationszeichen verwendet, wie sie für die arithmetischen Operationen üblich sind. Die Art der Operation wird damit durch den Datentyp der Operanden festgelegt. Mit diesen Operationen können Mengen gebildet werden, und es kann geprüft werden, ob ein Element zu einer bestimmten Menge gehört. Auf diese Weise lassen sich zum Beispiel Eingaben prüfen. Graphisch werden Mengen oft computergerecht dargestellt, nämlich durch eine Bitbelegung in einem oder mehreren Wörtern. Die einzelnen Bits geben

2.3 Datendarstellung

an, ob das entsprechende Element zur betrachteten Teilmenge gehört. Das oben angegebene Beispiel lässt sich mit drei Bits realisieren (Bild 2.22).

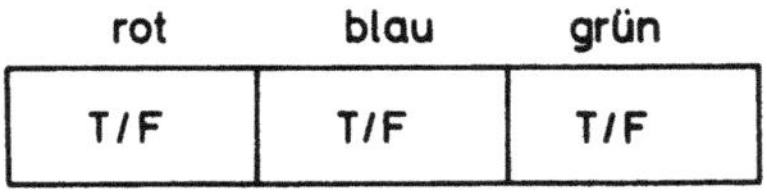

rot	blau	grün
T/F	T/F	T/F

Bild 2.22 Darstellung eines Set mit 3 Elementen

T(TRUE) bedeutet, dass die entsprechende Farbe in der Teilmenge vorhanden ist, F(FALSE), dass sie nicht vorhanden ist. In einem Rechner mit einer Wortlänge von 16 Bit lassen sich demnach Mengen mit bis zu 16 Elementen einfach darstellen.

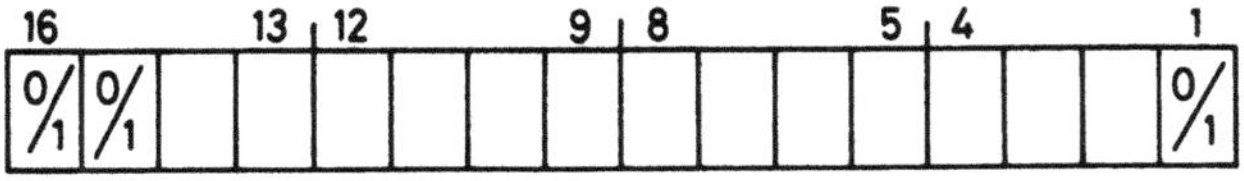

Bild 2.23 Computerinterne Darstellung eines Set

Die Mengenoperationen können zumeist mit Hilfe einfacher Maschinenbefehle implementiert werden (UND- und ODER-Verknüpfungen) und sind dann sehr schnell.

Der Aufbau eines SET kann gemäss Bild 2.23 charakterisiert werden:

    Anzahl Komponenten: fest
    Komponententyp: alle gleich
    Zugriff zur Menge: Name
    Zugriff zu einer Komponente: Test auf Enthaltensein

2.3.4 Dynamische Datenstrukturen

Bei dynamischen Datenstrukturen können die Struktur und die Anzahl der Datenelemente während dem Programmablauf ändern.

FILE (Sequenz)

Die Files leiten ihre Struktur von der Art ab, in der Daten auf verschiedenen externen Datenspeichern abgelegt werden (Magnetbänder, Magnetplatten). Dabei ist der Zugriff zur einzelnen Komponente nicht direkt möglich. Zulässige Operationen sind:

- Zeiger auf den Anfang des File setzen
- nächstes Element lesen, Zeiger verschieben
- ein Element anfügen (nur im Schreibzustand)

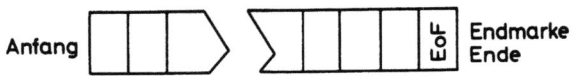

Bild 2.24 Graphische Darstellung eines File

Ein File lässt sich gemäss Bild 2.24 graphisch darstellen. Dazu kann die folgende Kurzbeschreibung angegeben werden:

Anzahl Komponenten: variabel
Typ der Komponenten: alle gleich
Zugriff zu File: Name
Zugriff zu Komponente: nur durch sequentielles Lesen oder Schreiben

Der unbestimmten Länge angepasst, wird man ein File mit einer WHILE-Schleife abarbeiten. Ist die Endmarke getroffen, hat man das ganze File bearbeitet.

Listen, Bäume, Ringe und allgemeine Graphen sind weitere Vertreter von dynamischen Strukturen. Ihre Behandlung würde aber hier zu weit führen, und es wird deshalb auf die Literatur [2] verwiesen.

2.4 Darstellung von parallelen Programmen

Ein paralleles Programm besteht aus zwei oder mehr sequentiellen Programmen. Diese können echt oder quasi parallel ablaufen. Dabei werden zwei Programme als parallel bezeichnet, wenn das eine beginnt, bevor das andere beendet ist. Sie heissen "echt parallel", wenn sie in bestimmten Zeitabschnitten tatsächlich gleichzeitig laufen. Sie heissen "quasi parallel", wenn nach dem Start zeitweise das eine und zeitweise das andere Programm weiterläuft, aber nie beide gleichzeitig. Nach dieser Definition ist ein Prozessor durchaus in der Lage, zwei sequentielle Programme parallel abzuarbeiten. Dies tut er immer dann, wenn er ein neues Programm beginnt, bevor das laufende beendet ist. Dies kommt vor allem bei der Behandlung von Unterbrechungssignalen vor.

Die sequentiellen Programme als Komponenten eines parallelen Programms werden oft Prozesse genannt. Im allgemeinen arbeiten solche Prozesse in irgend einer Form zusammen. Die Zusammenarbeit dieser Prozesse bildet das schwierigste Problem bei der Programmierung paralleler Abläufe. Im folgenden werden einige Möglichkeiten zur Darstellung paralleler Programme gezeigt.

2.4 Darstellung von parallelen Programmen

2.4.1 Zustandsdiagramme

Zwei Prozesse, die abwechslungsweise laufen, können gemäss Bild 2.25 dargestellt werden.

Bild 2.25 Zustandsdiagramm zweier quasi paralleler Prozesse

Es erweist sich als günstig, wenn die Idee der Zustandsdiagramme etwas erweitert wird. Dadurch kann das Studium von parallelen Abläufen vereinfacht werden. Aus diesen Ueberlegungen heraus entstanden die Petrinetze.

2.4.2 Petrinetze

Petrinetze ermöglichen die Darstellung von parallelen Abläufen. Ein solches Netz besteht aus Zuständen und Zustandsübergängen. Ein besetzter Zustand wird durch eine Marke (Token) bezeichnet. Gerichtete Pfade dürfen nur von Zuständen zu Uebergängen oder umgekehrt führen (Bild 2.26).

Bild 2.26 Grundsymbole zur Darstellung von Petrinetzen

Für die Simulation des Prozessgeschehens gelten nun die folgenden Regeln:

- Für ein Petrinetz mit einer gewählten Markierung ist jeder Uebergang, der in jedem zuführenden Zustand eine Marke (Token) enthält, offen.
- Von mehreren offenen Uebergängen darf nur genau einer benützt werden.
- Die Benützung besteht darin, dass in jedem zuführenden Zustand eine Marke entfernt und in jeden wegführenden Zustand eine Marke platziert wird.

22   2. Grundlagen der Programmierung

Mit diesen Regeln kann der Ablauf des Prozessgeschehens simuliert
werden. Dabei ist wesentlich, dass die Zeit, die die einzelnen
Aktionen benötigen, keine Rolle spielt. Wichtig ist nur ihre Reihenfolge. Dies ergibt eine vernünftige Simulation des Geschehens in
einem Computersystem, weil auch dort die Zeitverhältnisse oft nicht
genau bekannt sind. Die Durchlaufzeit für ein Programm ist normalerweise von den aktuellen Daten abhängig.

Damit die Struktur von Flussdiagrammen direkt auf Petrinetze
abgebildet werden kann, sollen noch einige wesentliche Elemente aus
den Flussdiagrammen in die Petrinetze übernommen werden. Ein Zustand
kann auch durch die in Bild 2.27 dargestellte flussdiagramm-ähnliche
Notation wiedergegeben werden. Uebergangsstellen sind darin nicht
vorgesehen.

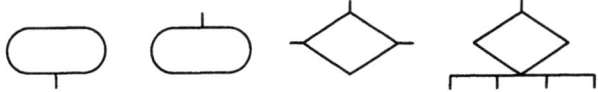

Bild 2.27 FD-ähnliche Notation für Zustände in Petrinetzen

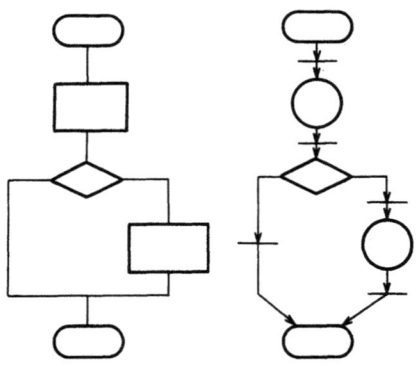

Bild 2.28 Aequivalenz zwischen Flussdiagramm und Petrinetz

Bild 2.28 zeigt ein Flussdiagramm samt dem dazugehörenden Petrinetz.
Das Durchspielen würde hier, wie man sich leicht überzeugt, in beiden
Fällen dieselbe Information ergeben. Der wesentliche Unterschied
zwischen einem Petrinetz und einem normalen Flussdiagramm besteht
darin, dass im Petrinetz paralleles Arbeiten gestattet ist. Mehrere
Zustände können gleichzeitig mit Marken besetzt sein und jeder
besetzte Zustand bedeutet, dass im Moment eine Arbeit durchgeführt
wird. Damit kann zum Beispiel die parallele Arbeitsweise von Prozes-

2.4 Darstellung von parallelen Programmen

sor und Interfacegeräten in einem Prozessrechnersystem dargestellt werden. Bevor zu einigen Beispielen übergegangen wird, sollen noch drei weitere nützliche Erweiterungen eingeführt werden.
Kommunikationsverbindungen dienen der reinen Steuerung zwischen Prozessen. Dafür wird die in Bild 2.29 gezeigte Darstellungsweise eingeführt. Bei Kommunikationsverbindungen soll die Negation der Bedingung wie bei logischen Schaltungen möglich sein (Bild 2.30). Zudem sollen einige ausgezeichnete Zustände auch mehr als eine Marke enthalten können. Dadurch wird die Darstellung von Semaphorvariablen möglich. In diesem Falle wird man für die Belegung durch Marken entweder natürliche oder ganze Zahlen zulassen.

Bild 2.29 Darstellung der Interprozesskommunikation

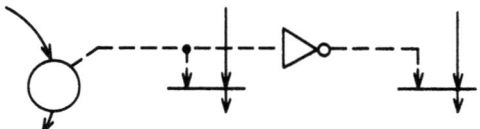

Bild 2.30 Kommunikationsverbindung mit Negation

Die nachfolgenden, einfachen Beispiele sollen die Anwendung der Petrinetze bei einigen typischen Problemstellungen zeigen.

a) Gegenseitiger Ausschluss (mutual exclusion)

Der Zugriff zu gemeinsamen Daten oder zu gemeinsam benützten Peripheriegeräten muss oft so organisiert werden, dass sich die beteiligten Prozesse gegenseitig von der Benützung ausschliessen. Wenn zwei Prozesse unabhängig voneinander gleichzeitig Meldungen auf eine Schreibmaschine geben wollen, muss verhindert werden, dass eine Mischung der zwei Ausgaben entsteht. Die in Bild 2.31 skizzierte Lösungsmöglichkeit geht davon aus, dass eine Marke (Schlüssel) in den kritischen Bereich mitgenommen wird. Sie muss anschliessend zurückgegeben werden. Da nur eine solche Marke existiert, kann sich nur ein Prozess im kritischen Bereich aufhalten. Diese Lösung bewirkt offensichtlich den gewünschten gegenseitigen Ausschluss. Auf die Frage nach ihrer Realisierung soll später eingegangen werden.

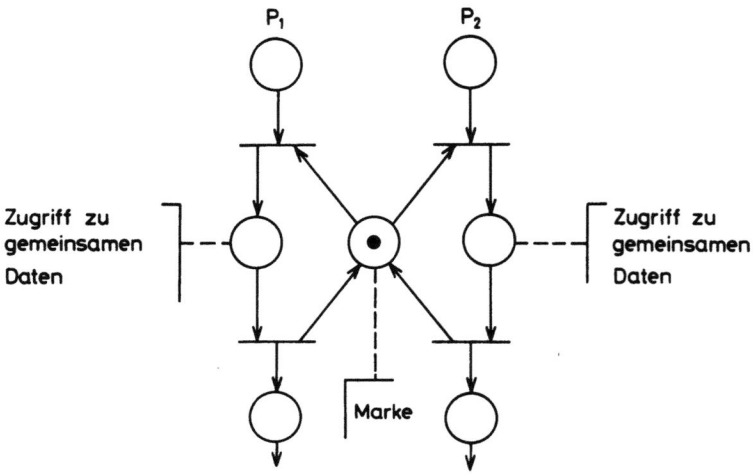

Bild 2.31 Gegenseitiger Ausschluss

b) Produzent-Konsument (producer-consumer problem)

Wenn Daten produziert werden, die nur in einer bestimmten Geschwindigkeit weiterverarbeitet werden können, muss eine typische Synchronisationsaufgabe gelöst werden. Produzent und Konsument müssen sich einander anpassen. Dies wird zum Beispiel im Petrinetz von Bild 2.32 gewährleistet, wo Daten in einem gemeinsam benützten Speicherbereich übergeben werden.

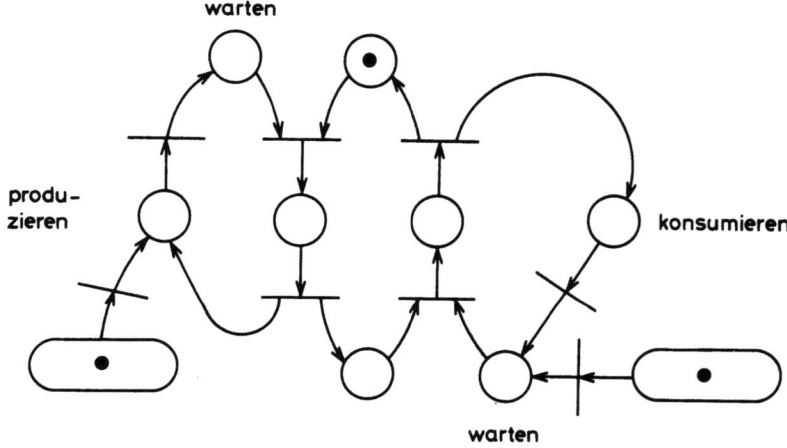

Bild 2.32 Produzenten-Konsumenten Problem

2.4 Darstellung von parallelen Programmen   25

Offensichtlich wird auch hier, wie im ersten Beispiel, eine Marke in den kritischen Bereich mitgenommen. Dadurch wird erzwungen, dass die beiden Prozesse diesen abwechselnd betreten.

c) Zeitliche Synchronisation

Oft sollen Rechenvorgänge mit Hilfe einer externen Uhr gesteuert werden. Es stellt sich die Frage, wie ein Programmablauf auf solche externen Ereignisse reagieren kann. Das "Blitz"-Zeichen soll andeuten, dass ein Programmstück periodisch gestartet wird. Damit ergibt sich zunächst die einfache Struktur von Bild 2.33.

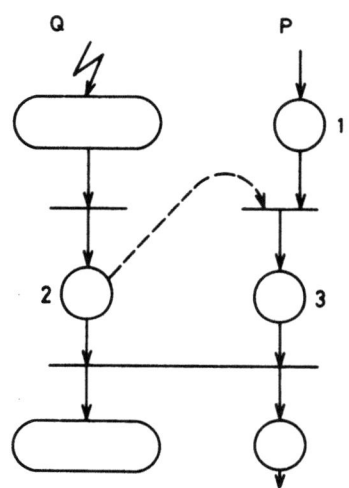

Bild 2.33 Zeitliche Synchronisation

Der Prozess P wartet im Zustand 1 auf das Eintreffen des Unterbrechungssignals. Wird der Zustand 2 erreicht, kann P weiterfahren. Nur wenn die Zustände 2 und 3 besetzt sind, können beide Prozesse weiterfahren. In diesem Falle fährt P weiter und Q wird beendet.

Verschiedene unerwünschte Fälle können mit dieser einfachen Lösung jedoch nicht erkannt werden. Es wäre zum Beispiel möglich, dass mehrere Unterbrechungssignale eintreffen, bis P einmal aktiviert wird. P könnte aber auch verspätet eintreffen und ohne Wartezeit weiterlaufen. Damit wäre der Ablauf nicht mehr synchron. Die Anordnung von Bild 2.34 kann diese Fehler nicht verhindern, gestattet aber immerhin, sie zu erkennen.

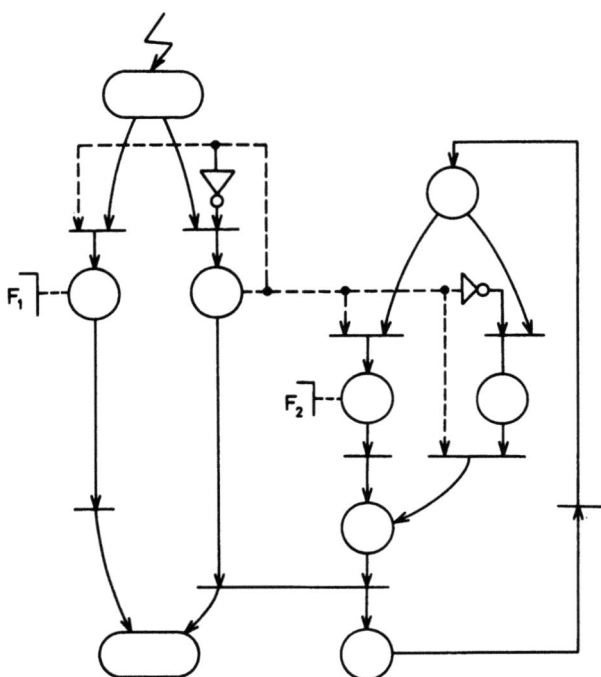

Bild 2.34 Synchronisation mit Fehlererkennung

Dieses Beispiel zeigt, dass solche Aufgaben genau formuliert werden müssen. Es ist wesentlich, dass genau feststeht, welche Fehler erkannt werden müssen und wie reagiert werden soll.

d) Verklemmungen (deadlocks)

Bei der Lösung der oben besprochenen Aufgaben muss darauf geachtet werden, dass sich zwei Prozesse nicht verklemmen können. Dies kann eintreten, wenn in einer Situation jeder auf ein Signal wartet, das nur der andere liefern kann. Ein typisches Beispiel einer Verklemmung ist in Bild 2.35 dargestellt.

Die Lösung sieht auf den ersten Blick vernünftig aus. Jeder Prozess nimmt einen Schlüssel mit, wenn er den kritischen Bereich betreten will. Dadurch wird der andere Prozess am Betreten des kritischen Bereichs gehindert. Zu einer Verklemmung kommt es, wenn P_1 in den Zustand 1 und P_2 in den Zustand 2 gelangen, was ohne weiteres möglich ist. In diesem Zustand blockieren sich die zwei Prozesse gegenseitig. Keiner kann weiterfahren.

2.4 Darstellung von parallelen Programmen

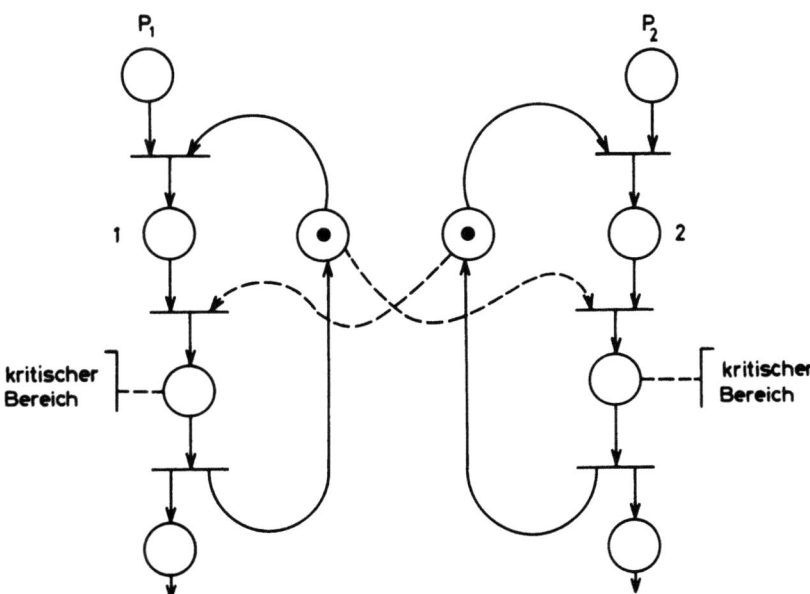

Bild 2.35 Verklemmungssituation

Petrinetze eignen sich wegen ihrer Anschaulichkeit zur detaillierten Darstellung und Diskussion einzelner Synchronisationsprobleme. In grösseren Programmen mit mehreren parallelen Prozessen treten aber meistens viele Synchronisationsprobleme auf. Eine Darstellung des gesamten Programms mit einem Petrinetz würde sehr komplex und aufwendig. Petrinetze werden deshalb in den Programmbeispielen zu Kapitel 7 nicht benützt.

2.4.3 Flussdiagramme für parallele Prozesse

Die früher eingeführten Flussdiagramme können auch für die Darstellung paralleler Prozesse verwendet werden. Mögliche Erweiterungen zur Darstellung des Zusammenwirkens paralleler Prozesse in typischen Situationen werden in den Bildern 2.36 bis 2.38 dargestellt.

a) Paralleles Arbeiten

Neu ist im Flussdiagramm von Bild 2.36 einerseits die Möglichkeit einer Aufspaltung in zwei parallel ablaufende Teile. Anderseits darf im gemeinsamen Teil erst dann weitergefahren werden, wenn die parallelen Aktionen beendet sind. Aufspaltung und Zusammenführung werden je durch zwei parallele Balken veranschaulicht.

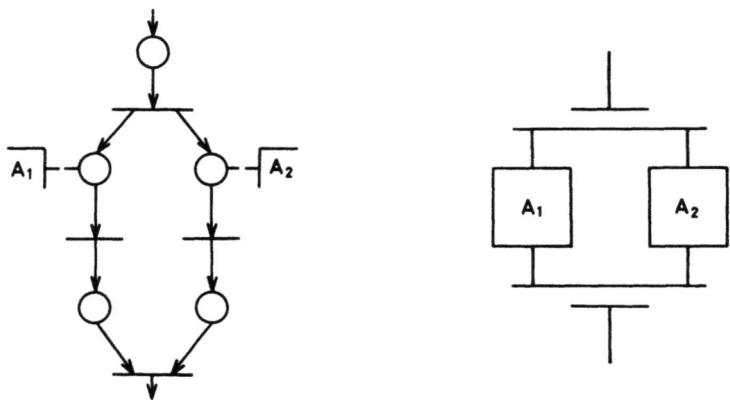

Bild 2.36 Parallele Verarbeitung

b) Gegenseitiger Ausschluss

Beim Problem des gegenseitigen Ausschlusses (Bild 2.37) spricht man auch von sogenannten kritischen Sektionen. In ihnen darf sich zu jedem Zeitpunkt höchstens ein Prozess aufhalten. Das Konzept lässt sich auch ohne weiteres auf N Prozesse erweitern.

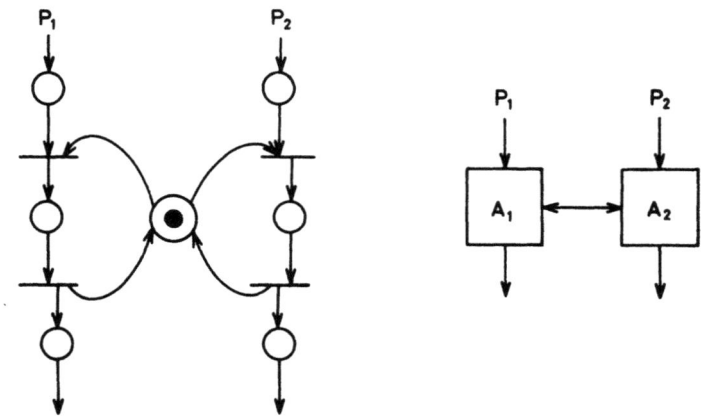

Bild 2.37 Gegenseitiger Ausschluss

2.4 Darstellung von parallelen Programmen   29

c) Synchronisation

Das in Bild 2.38 gezeigte Diagramm stellt eine relativ einfache Art
der Synchronisation dar. Wenn P_2 wartet, wird er von P_1 aktiviert.
Wenn P_2 nicht wartet, bleibt ein Durchlauf von P_1 ohne Wirkung.

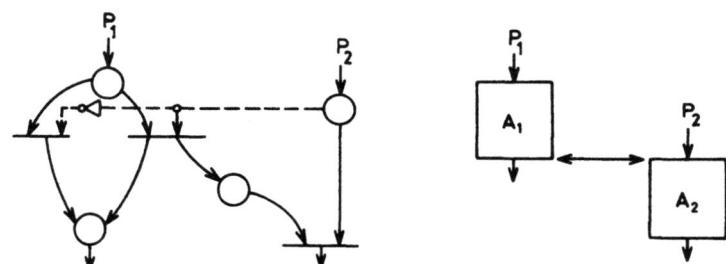

Bild 2.38   Zeitliche Synchronisation

2.5 Beschreibung von Programmiersprachen

Auch für Sprachen, in denen Programme entwickelt und geschrieben werden sollen, muss eine geeignete Darstellungsform gewählt werden. Im Gegensatz zu den Umgangssprachen sind bei den Computersprachen die Aufbauregeln genau festgelegt. Mehrdeutigkeiten müssen ausgeschlossen werden.

Man unterscheidet die Syntax und die Semantik einer solchen Sprache. In der Syntax sind die Aufbauregeln für gültige "Sätze" genau festgelegt (Grammatik). Diese kann dadurch automatisch geprüft werden. Ein sinnvolles Programm muss selbstverständlich syntaktisch korrekt sein. Die Semantik legt die Bedeutung einer Aussage (Statement) fest. Hier ist keine automatische Prüfung möglich, weil ja die Absicht des Programmierers in der Bedeutung liegt und diese dem Uebersetzungsprogramm nicht bekannt sein kann.

Zur Syntax

Zur Darstellung der Syntax werden hier die sogenannten Syntaxdiagramme verwendet, die aus den beiden folgenden Symbolen zusammengesetzt werden:

- abgerundete Rechtecke für reservierte Wörter der Sprache (Grundsymbole = Terminale) bzw. Kreise für Trennsymbole.

- Rechtecke für Diagrammteile, die noch weiter detailliert werden
  müssen (Metasymbole)

Die Anwendung soll anhand eines Beispiels erläutert werden. Gesucht sei eine Sprache, mit der Formeln geschrieben werden können. Als Variable sollen zunächst die Buchstaben A, B,..., Y, Z verwendet werden. Die folgenden Zeilen stellen gültige Formeln dar:

$$X = A*B + C \qquad Y = A + B*C + C*D*E$$
$$Z = A + B + C - D \qquad V = D - B*B$$

Die Aufbauregeln werden nun anhand der Syntaxdiagramme in Bild 2.39 erläutert. Sämtliche möglichen Formeln entstehen, wenn man die Diagramme beginnend mit "Formel" durchläuft und die rechteckigen Kästchen durch die entsprechenden Subdiagramme ersetzt. Man könnte auch durch fortlaufendes Einsetzen der Definition für die Metasymbole ein einziges Diagramm für die Syntax des Begriffs "Formel" erstellen. Die aufgespaltene Darstellungsweise ist aber auch aus praktischen Gründen zweckmässiger.

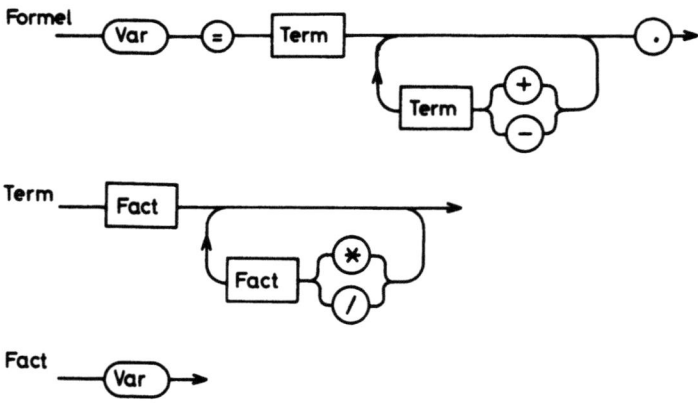

Bild 2.39 Syntaxdiagramme für Formel, Term, Faktor

In den Diagrammen von Bild 2.39 kommen noch keine Klammern vor. Die Erweiterung der Syntax mit Klammern kann einfach durch die Verallgemeinerung der Konstruktion von Faktoren erreicht werden. Man definiert dazu das Symbol "Fact" neu gemäss Bild 2.40.

Damit ist nun die Vielfalt der möglichen Formeln sehr gross geworden. Man beachte insbesondere, dass es sich um eine rekursive Definition

2.5 Beschreibung von Programmiersprachen

handelt. Dadurch, dass ein "Faktor" seinerseits eine "Formel", also eine übergeordnete Struktur enthalten kann, sind nun auch die folgenden "Sätze" Bestandteile unserer "Formel-Sprache" geworden:

$$X = A*(B+C) \qquad A = A*A + A/(A+A)$$

Fact

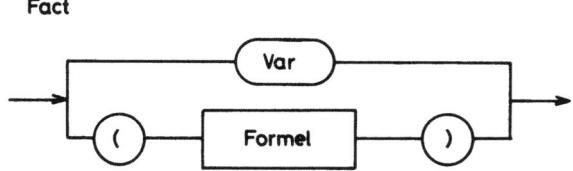

Bild 2.40 Erweiterte Definition von Faktor

Programmstrukturen haben einen ähnlichen Aufbau wie unsere Formelsprache. Syntaxdiagramme eignen sich daher auch für die Beschreibung von Programmstrukturen, insbesondere bei blockstrukturierten Sprachen. Als weiteres Beispiel werden die Ablaufstrukturen der PASCAL-Sprache in Bild 2.41 gezeigt.

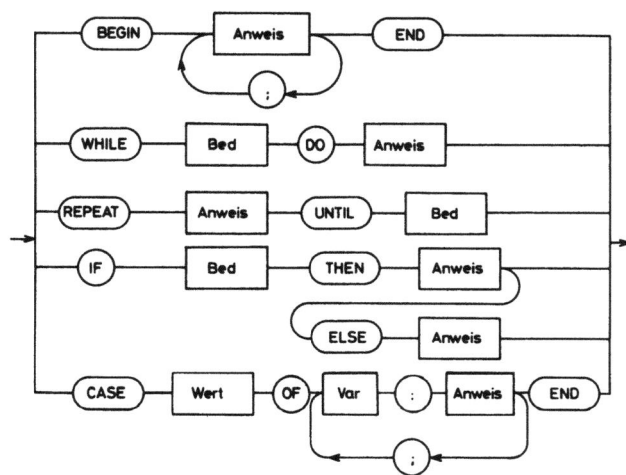

Bild 2.41 Ablaufanweisungen in PASCAL

Mit weiteren Diagrammen müsste man noch die Metasymbole "Var", "Bed", "Wert" und "Anweisung" erklären. Die vollständigen Syntaxdiagramme für PASCAL finden sich in den meisten Lehrbüchern sowie in [5].

Neben den beschriebenen graphischen Hilfsmitteln existieren noch
formale Beschreibungsarten, von denen die Backus-Naur-Form die
bekannteste ist. Sie enthält dieselbe Information wie die Syntaxdiagramme, ist aber nicht so anschaulich. Für die Programmiersprache
PASCAL findet man die Definition in Backus-Naur-Form in [3].

Zur Semantik

Mit Hilfe der Syntax ist es möglich, alle syntaktisch korrekten Programme zu beschreiben. Aus diesen wird vom Uebersetzer ein Maschinenprogramm erstellt. Damit der Programmierer nun weiss, welche Operationen sein Programm tatsächlich ausführt, muss ihm auch die Bedeutung
jeder syntaktischen Konstruktion bekannt sein.

Die Semantik einer Programmiersprache kann umgangssprachlich oder
durch eine spezielle Logik festgelegt sein. Diese Bedeutung ist in
den vorangehend definierten Formeln noch nicht festgelegt. Natürlich
wird man annehmen, dass sie ihre übliche mathematische Bedeutung
haben. Bei den eben erwähnten PASCAL-Sprachkonstruktionen ist deren
Bedeutung aber nicht von vornherein klar.

2.6 Methodik der Programmentwicklung

Im Laufe der Zeit sind verschiedene Methoden der Programmentwicklung
entstanden, die nachfolgend kurz gestreift werden sollen.

Top-Down-Verfahren

Von Top-Down-Entwicklung spricht man, wenn man mit den grossen Linien
eines Programms beginnt und anschliessend das Programm durch laufende
Verfeinerungen entwirft. Diese Methode wird allgemein für das Erstellen von Programmen empfohlen und deshalb auch in diesem Buch verwendet.

Bottom-Up Verfahren

Bei dieser Methode wird vom Detail zum Allgemeinen gearbeitet. Man
beginnt auf tiefer Stufe mit der Entwicklung einzelner Bausteine
(Unterprogramme und Prozeduren). Diese werden dann nach und nach zu
einem Programmkomplex zusammengebaut. Diese Methode ist zum Entwerfen
eines Programms weniger geeignet. Hingegen wird man sie etwa bei
Aenderungen und Programmanpassungen bestehender Programme anwenden.

2.6 Methodik der Programmentwicklung

Strukturierte Programmierung

Von strukturierter Programmierung spricht man, wenn man sich bei einem Top-Down-Entwurf auf die in Abschnitt 2.2.2 besprochenen elementaren Ablaufstrukturen beschränkt. Dadurch vermeidet man unnötige Sprünge, die häufig zu logischen Fehlern führen.

2.7 Beispiel zur Entwicklung eines sequentiellen Programmes

Es sei die folgende Aufgabe gegeben: Man entwerfe ein Programm, das einen gängigen Taschenrechner simuliert. Als Vorbild dient das Modell HP-35, das mit gewissen Einschränkungen nachgebildet werden soll. Das Terminal soll für die Ein- und Ausgabe benützt werden und als "Tastatur" und "Anzeige" dienen. Als Hilfsmittel für den Entwurf werden Struktogramme und die PASCAL-Notation verwendet.

Anforderungen , Voraussetzungen , Einschränkungen:

- Die folgenden Tasten können benützt werden:

Taste	Bedeutung
D	Display X register content
E	Enter
V	Vorzeichenwechsel X := -X
+	X := X+Y
-	X := Y-X
*	X := X*Y
/	X := Y/X
C	Clear X X := 0
S	Save X S := X (S: Speicherregister)
R	Restore X X := S
Q	Quit (Programm abbrechen)

- Der Rechner verwendet einen 4-Werte-Stapel zur Speicherung der Operanden und (Zwischen)-Resultate mit den folgenden Funktionen:

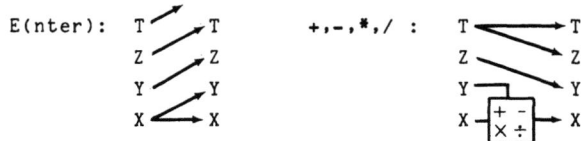

- Es wird nur mit ganzen Zahlen (INTEGER) gerechnet.

2. Grundlagen der Programmierung

Im folgenden sollen nun ein Grobentwurf für den Programmablauf und Grundüberlegungen zur Wahl der Datenstruktur gemacht werden.

2.7.1 Ablaufstruktur

Der Rechner wartet im allgemeinen auf eine Eingabe. Es gibt zwei verschiedene Arten von Eingaben, nämlich Zahlen und Operationszeichen. Daraus ergibt sich etwa ein erstes grobes Struktogramm, wie es in Bild 2.42 dargestellt ist.

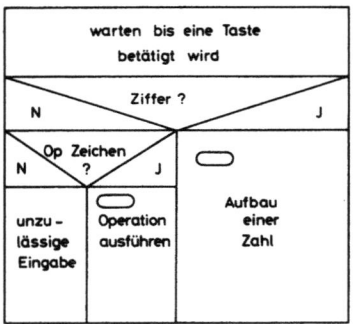

Bild 2.42   Grober Programmablauf (1.Version)

In PASCAL kann man Mengen definieren, die die entsprechenden Symbole enthalten, zum Beispiel:

```
ziffer = { '0' .. '9' }
oper   = { '+', '-', '*', '/', 'E', 'C', .. }
```

Ein erster grober Programmentwurf sieht damit wie folgt aus:

```
read (ch);
IF ch IN ziffer
   THEN "Aufbau einer Zahl"
   ELSE
      IF ch IN oper
         THEN "Operation ausführen"
         ELSE (* Unzulässige Eingabe *);
```

Zusammen mit den ersten Ideen über den Ablauf des Programmes wird man auch die ersten Ideen über die Wahl der Datenstrukturen entwickeln. Zahlen und Zeichen sind Grundelemente von PASCAL und brauchen keine

2.7 Beispiel zur Entwicklung eines sequentiellen Programmes

spezielle Darstellung. In der vorliegenden Aufgabe bleibt damit die Frage nach der Darstellung des Stapels. Da er nur vier Register aufweist, kann man der Einfachheit halber vier Variablen mit entsprechenden Namen X, Y, Z, T vorsehen. Damit ist der Grobentwurf abgeschlossen.

2.7.2 Aufbau einer Zahl

Die Hauptschwierigkeit liegt nun beim Programmteil für das Einlesen der Zahlen, da man am Anfang noch nicht weiss, wieviele Ziffern eine Zahl ergeben sollen und diese Ziffern ja nacheinander eingetippt werden. Es soll also der Kasten "Aufbau einer Zahl" verfeinert werden.

Eine dreistellige ganze Dezimalzahl $z_2 z_1 z_0$ hat bekanntlich die Bedeutung $z_2*10^2 + z_1*10^1 + z_0$ oder für den Aufbau von links nach rechts einfacher $(z_2*10+z_1)*10+z_0$. Daraus ergibt sich der folgende Algorithmus für den Aufbau einer Zahl:

"Falls eine weitere Ziffer hinzukommt, wird der vorhandene Wert mit 10 multipliziert und die neue Ziffer addiert, sonst ist der Aufbau abgeschlossen."

Dieser wird dargestellt durch das Struktogramm von Bild 2.43 beziehungsweise den folgenden Programmteil:

```
x:= 0
REPEAT
  x:= 10*x + "Wert von ch";
  Read (ch);
UNTIL NOT (ch IN ziffer);
```

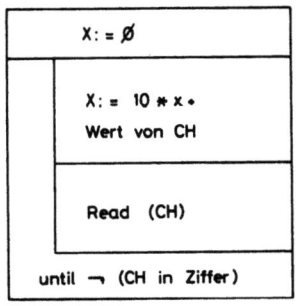

Bild 2.43 Aufbau einer Zahl

An dieser Stelle zeigt es sich, dass das ursprüngliche Diagramm nicht
günstig gewählt wurde. Man kann nämlich erst feststellen, dass keine
Ziffer mehr kommt, wenn man bereits ein anderes Zeichen gelesen hat.
Dieses Zeichen - das im allgemeinen ein gültiges Operationszeichen
sein wird - würde bei der ursprünglichen Wahl des Ablaufs überlesen.
Es drängt sich also eine Aenderung der Ablaufstruktur auf. Nach diesen
Ueberlegungen ergibt das Struktogramm von Bild 2.44 eine bessere
Lösung.

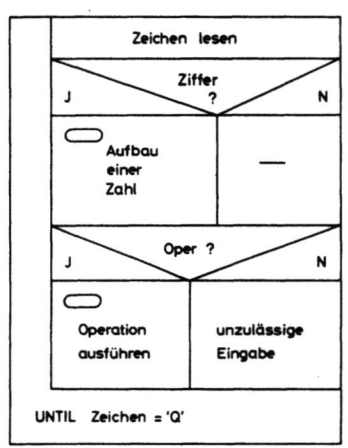

Bild 2.44 Grober Programmablauf (2.Version)

Das entsprechende Programmsegment lautet:

REPEAT
   Read (ch);
   IF ch IN ziffer THEN "Aufbau einer Zahl";
   IF ch IN oper   THEN "Operation ausführen"
UNTIL ch = 'Q'

2.7.3 Ausführen der Operationen

Die einzelnen Operatoren ergeben im Block "Operation Ausführen" etwa
das folgende Programmstück:

   IF ch = '+' THEN BEGIN "addiere y zu x" END;
   IF ch = '-' THEN BEGIN "subtrahiere x von y" END;
   ....

2.7 Beispiel zur Entwicklung eines sequentiellen Programmes

Es handelt sich dabei um eine Fallunterscheidung (Auswahl 1 aus n) die in PASCAL üblicherweise mit einer CASE-Anweisung formuliert wird:

```
CASE ch OF
   '+': ...
   '-': ...
      etc.
END;
```

2.7.4 Stapelbehandlung

Nachdem nun der Programmablauf entworfen ist, soll noch die Stapelbehandlung entwickelt werden. Berechnungen werden in umgekehrter polnischer Notation eingegeben. So wird zum Beispiel der Ausdruck:

(15*3 + 4*7) / 8   berechnet durch: 15 E 3 * 4 E 7 * + 8 /

Nach der jeweiligen Eingabe sieht der Stapel folgendermassen aus:

```
          T :
          Z :                           45   45
          Y :         15  15       45   4    4   45        73
  Stapel  X :    15   15   3   45   4   4    7   28   73   8    9
          ---------------------------------------------------------
  Eingabe :     15    E    3    *   4   E    7    *    +   8    /
```

Daraus kann man das folgende Verhalten ableiten:
- Der Stapel nimmt ab bei +, -, *, /
- Der Stapel nimmt zu bei E(nter) sowie bei der Eingabe einer Zahl nach den Operatoren +, -, /, *, R (automatischer Stacklift).

Die Zu- und Abnahme des Stapels soll durch die zwei Prozeduren PUSH und POP realisert werden.

2.7.5 Programmerstellung (Codierung)

Im vorangehenden Abschnitt wurde die Programmstruktur entworfen. Der Aufbau der beiden wichtigsten Blöcke: "Aufbau einer Zahl" und "Operation Ausführen" wurde ebenfalls gezeigt. Die noch nicht im Detail spezifizierten Aktionen sind an sich trivial. Das Programm kann nun leicht erstellt werden, indem die einzelnen Blöcke zusammengefügt und die fehlenden Operationen detailliert werden.

2.7.6 Ergänzende Bemerkungen

Das hier entworfene Programm erfüllt die am Anfang gestellten Anforderungen. Trotzdem stellt es noch kein brauchbares Produkt einer Softwareentwicklung dar. Dazu fehlt insbesondere eine geeignete Fehlerbehandlung. Weder die eingegebenen Zahlen noch die berechneten Werte werden auf Bereichsüberschreitungen geprüft. Die Weiterentwicklung würde nach der hier verwendeten Methode der schrittweisen Verfeinerung von Entwürfen bis zum endgültigen Produkt ablaufen. Dann müsste das Programm in allen kritischen Betriebsfällen geprüft und vor allem noch ausreichend dokumentiert werden. Diese Schritte bedeuten einen oft unterschätzten Aufwand, der bei professionellen Softwareprodukten allein mit mehr als der Hälfte des Gesamtaufwandes eingesetzt wird.

Im Abschnitt 4.3 wird das obige Beispiel im Detail ausprogrammiert.

2.8 Literatur zu Kapitel 2

[1] Wirth N.: Systematisches Programmieren. Teubner 1975.

[2] Wirth N.: Algorithmen und Datenstrukturen. Teubner 1975.

[3] Jensen K.; Wirth N.: PASCAL User Manual and Report. Springer 1975.

[4] Algacic S.; Arbib M.A.: The Design of Well-Structured and correct Programs. Springer 1978.

[5] Jordan W.; Urban H.: Strukturierte Programmierung. Einführung in die Methode und ihren praktischen Einsatz zum Selbststudium. Springer 1978.

[6] Peterson J.L.: Petri Net Theory and the Modeling of Systems. Prentice-Hall 1981.

[7] Verein Deutscher Ingenieure VDI/VDE GMR: Programmentwurf und Programmdokumentation. Methoden und Techniken bei der Prozessdatenverarbeitung. VDI-Verlag 1982.

3 Programmierung mit Assemblersprachen

3.1 Einleitung

Man kann zwei Gruppen von Programmiersprachen unterscheiden, die höheren Sprachen und die Assemblersprachen. Höhere Sprachen erlauben es, Probleme losgelöst von hardware-mässigen Gegebenheiten zu formulieren. Assemblersprachen hingegen verlangen eingehende Kenntnisse der benützten Hardware. Sie können deshalb auch als hardwarenahe Sprachen bezeichnet werden.

Die Ausführungen im vorliegenden Kapitel beschränken sich auf prinzipielle Angaben. Für Details wird auf die Handbücher der jeweiligen Rechner verwiesen.

3.2 Assemblersprachen

Assemblersprachen sind, da sie alle Befehle eines Rechners enthalten müssen, maschinenabhängig. Zu jedem Rechner gibt es mindestens eine solche Assemblersprache. Sie soll es insbesondere gestatten, dass mit mnemotechnischen Abkürzungen anstelle der binären, oktalen oder hexadezimalen Befehlsdarstellungen gearbeitet werden kann. Zusätzlich sollen Adressen automatisch ausgezählt und damit Marken für die Bezeichnung von Speicherplätzen verwendet werden können. Auf weitere wünschbare Eigenschaften wird später eingegangen.

Ein in der Assemblersprache geschriebenes Programm soll automatisch in ein Programm in der Maschinensprache (Bitbelegung des Speichers) umgesetzt werden können. Dieser Umsetzvorgang kann zum Beispiel nach dem Diagramm von Bild 3.1 ablaufen.

Der Assembler, ein Programm mit diesem Namen, liest das Quellenprogramm und erstellt daraus das relokative (verschiebbare) Maschinenprogramm. Mit Hilfe der Bibliothek wird daraus durch den Binder ein absolutes, lauffähiges Programm erzeugt. Dieses kann mit einem

3. Programmierung mit Assemblersprachen

Ladeprogramm geladen und anschliessend gestartet werden. Assembler und Binder sind also Programme, die als Daten Programme verwenden. Man kann sie allgemein als Textverarbeitungsprogramme oder als nichtnumerische Programme bezeichnen, weil die Berechnungen nicht die Hauptsache sind.

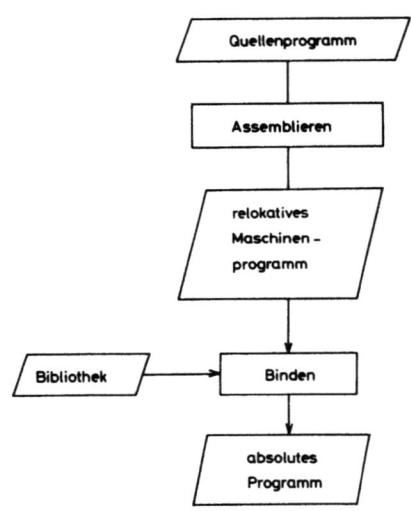

Bild 3.1 Uebersetzungsvorgang

An die Assemblersprache, in der das Quellenprogramm geschrieben werden muss, wird man nun bestimmte Anforderungen stellen. Bereits diese einfachsten Sprachen weisen in ihrer Leistungsfähigkeit grosse Unterschiede auf.

Eine Assemblersprache sollte etwa die folgenden Anforderungen erfüllen:

- einfaches und übersichtliches Format zur Darstellung des Programms
- Möglichkeit zum Einbau von kommentierendem Text
- Symbole zur Bezeichnung von Adressen und Befehlen
- Verschiedene Zahlendarstellungen (dual, oktal, hexadezimal, Gleitkomma)
- Textdarstellung (Zeichenketten = Strings)
- Die Symboltabelle mit dem Grund-Befehlssatz des Rechners soll fest eingebaut sein
- Adressenberechnungen sollen vom Programm übernommen werden

3.2 Assemblersprachen

- Fehler sollen nach Möglichkeit erkannt und vernünftig gemeldet werden
- Makro-Befehle sollen definiert werden können
- Pseudobefehle sollen als Anweisungen an das Uebersetzerprogramm verwendet werden können (Beginn, Ende des Programms, Reservationen etc.)

Allgemein soll die strukturierte Programmierung unterstützt werden. Dies muss auf der Ebene der Sprache und auf derjenigen der Maschine geschehen. Von der Sprache erwartet man dabei Marken, Makrobefehle und Kommentarmöglichkeiten, vom Befehlssatz des Rechners erwartet man Aufrufe an Unterprogramme und bedingte Sprünge.

3.3 Assemblerprogrammierung

In diesem Abschnitt sollen einige grundsätzliche Ueberlegungen zur Assemblerprogrammierung angestellt werden. Wir gehen davon aus, dass auch auf dieser Stufe strukturiert programmiert wird und dass die Programmentwürfe auch hier mit den im 2. Kapitel besprochenen Techniken ausgeführt werden. So wird auch hier nach Ablaufsteuerung und Aktionen unterschieden.

3.3.1 Ablaufsteuerung

Es soll mit einer ganz einfachen Sprache gezeigt werden, wie sich die Grundstrukturen erzeugen lassen. Das Programm bestehe aus Zeilen. Jede Zeile enthält eine Anweisung, die aus den folgenden Teilen bestehen kann:

Label :   Opcode   (Operanden)   ; Kommentar

":" und ";" sind Trennzeichen (Delimiter)

Beispiel: L1:   CLA   ; Akku löschen

Für das Erzeugen der Grundstrukturen (Auswahl, Wiederholung) reichen schon die wenigen nachfolgend aufgelistete Befehle. Damit lassen sich die Grundstrukturen ausprogrammieren. Man beachte, dass die Befehle Maschinenbefehle sind. Natürlich ist ein solches Programm aufwendiger als ein Programm in einer höheren Sprache. Dort können die Grundstrukturen etwa mit einer einzigen Anweisung programmiert werden.

3. Programmierung mit Assemblersprachen

Liste der Grundbefehle:

INC	Inhalt einer Speicherzelle um 1 erhöhen (INCrement)
JMP	unbedingter Sprung (JuMP)
JP	bedingter Sprung (Jump if Positive)
JN	bedingter Sprung (Jump if Negative)
CMP A,B	vergleiche A,B : positiv falls A>=B, sonst negativ
CALL NAME	Aufruf eines Unterprogramms mit entsprechendem Namen
CLEAR	lösche die bezeichnete Speicherzelle
NOP	No OPeration (Leer-Befehl)

Beispiel: Schleife mit Test am Anfang

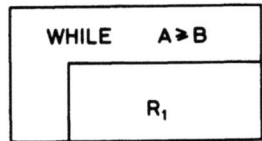

```
L1:  CMP A,B    ; vergleiche A mit B, diese müssen definiert sein
                ; A>=B : positiv    A<B : negativ
     JN  L2     ; negativ, Schleife verlassen
     CALL R1    ; Aufruf Unterprogramm R1
                ; R1 modifiziert A und/oder B
     JMP L1     ; Schleife wiederholen
L2:  NOP        ; Schleifenausgang
```

höhere Sprache : WHILE a>=b DO r1;

Beispiel: Schleife mit Test am Ende

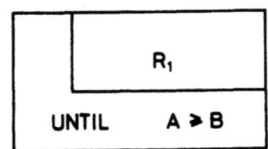

```
L1:  CALL R1    ; erster Aufruf von R1
     CMP  A,B   ; vergleiche A mit B
     JN   L1    ; A<B -> wiederholen
```

höhere Sprache : REPEAT r1 UNTIL a >= b ;

3.3 Assemblerprogrammierung 43

Beispiel: Auswahl (Alternative)

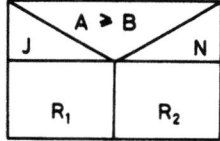

```
         CMP   A,B    ; vergleiche A mit B
         JN    L1     ; A<B, R2 ausführen
         CALL  R1     ; A>=B, R1 ausführen
         JMP   L2     ; R2 überspringen
   L1:   CALL  R2     ; R2 ausführen
   L2:   NOP          ; weiterfahren
```
höhere Sprache: IF a>=b THEN r1 ELSE r2 ;

Wird die Sprache um Befehle zum Programmieren eines Schleifenzählers erweitert, dann lässt sich auch die Schleife mit fester Durchlaufzahl einfach erzeugen.

Beispiel: Schleife mit fester Durchlaufzahl

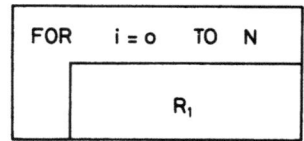

```
         CLEAR  I      ; lösche Zelle I
   L1:   CMP    N,I    ; vergleiche N mit I
         JN     L2     ; Abbruch wenn I>N
         CALL   R1     ; R1 ausführen
         INC    I      ; Inhalt von I um 1 erhöhen
         JMP    L1     ; Rücksprung
   L2:   NOP           ; weiterfahren
```

Höhere Sprache: FOR i:=0 TO n DO r1;

Die Compiler, die im nächsten Kapitel besprochen werden, müssen auch einen solchen Umsetzvorgang ausführen. Dieser ist aber wesentlich komplexer, da kein direkter Zusammenhang mehr besteht wie auf Assemblerstufe.

3.3.2 Aktionen

Das Ausprogrammieren einzelner Aktionen kann einen erheblichen Aufwand bedeuten. Man wird deshalb bestrebt sein, für die wichtigsten, wiederkehrenden Operationen Unterprogramme vorzubereiten. Dies gilt zum Beispiel für arithmetische Operationen (Fest- und Gleitkomma), die nicht im Befehlssatz des Rechners enthalten sind. Mit Hilfe einer so geschaffenen Bibliothek lässt sich die Programmierung dann wieder vereinfachen. Die Syntax der Assemblersprachen ist meist recht primitiv und die Möglichkeiten, die man zur Strukturierung der Programme hat, sind bescheiden. Sie sind im allgemeinen auf den Makromechanismus beschränkt.

3.3.3 Datenstrukturen

Auch auf der Assemblerstufe soll der Wahl von geeigneten Darstellungen von Datenstrukturen entsprechende Aufmerksamkeit geschenkt werden. Auch hier kann, auch wenn die entsprechenden Mittel geschaffen werden müssen, mit verschiedenen Darstellungen gearbeitet werden. Tabellen und andere Datenstrukturen spielen auch auf der Assemblerstufe eine wesentliche Rolle.

3.3.4 Die Arbeitsweise eines Assembler

Assembler arbeiten normalerweise in zwei Durchläufen. Wenn man in einem Programm auf Namen Bezug nimmt, die erst später definiert werden (Vorwärtsreferenzen), so kennt der Assembler vorerst deren Adressen noch nicht. Man muss deshalb im ersten Durchlauf alle Marken (Label) suchen, deren Adresse bestimmen und in eine Tabelle (Symboltabelle) eintragen. Im zweiten Durchgang kann nun das Programm, Befehl um Befehl assembliert werden. Dabei werden die Maschinenbefehle aus dem Operationscode und allfälligen Operandenadressen zusammengesetzt.

3.4 Anwendung der Assemblerprogrammierung

Wie bei den Grossrechnern bereits vor längerer Zeit, ist bei den Kleinrechnern heute ein Vormarsch der Programmierung in höheren Programmiersprachen feststellbar. Die höhere Sprache dokumentiert besser und führt im allgemeinen zu Programmen mit weniger Fehlern als die

3.4 Anwendung der Assemblerprogrammierung

Assemblersprache. Als Programmiersprache sollte daher immer die höchste verfügbare Sprache gewählt werden, die imstande ist, das Problem zu lösen.

Es gibt aber nach wie vor Gründe für die Verwendung der Assemblersprachen. Bedienung von Peripheriegeräten, Synchronisationsaufgaben, etc. lassen sich oft nur mit Assemblerprogrammierung lösen. Bei sehr grossen Stückzahlen eines Gerätes oder Systems wird auf optimales Auslegen Wert gelegt. Dabei kann die Verwendung der Assemblersprache Vorteile bringen, wenn dadurch zum Beispiel auch nur schon ein einzelner Speicherchip eingespart werden kann. Die Assemblerprogrammierung kann auch zu kürzeren Ausführungszeiten verhelfen.

Man soll sich auch Kombinationen von höheren Programmiersprachen mit Assemblersprachen überlegen. In vielen Fällen liegt die optimale Lösung in der Verwendung beider Sprachebenen.

3.5 Literaturhinweis

Angaben über die Programmierung auf Assemblerstufe finden sich in den Handbüchern der Computerhersteller. Für weit verbreitete Rechnertypen sind auch einführende Bücher im Buchhandel erhältlich.

4 Programmieren mit höheren Programmiersprachen

4.1 Einleitung

Während sich Assemblersprachen an die Funktionsweise des jeweiligen Rechners anlehnen, orientieren sich höhere Programmiersprachen mehr an mathematischen Formalismen und suchen die Nähe zur Umgangssprache. Befehle (Anweisungen) in höheren Sprachen sind deshalb meist mathematisch formuliert oder vereinfachte Sätze aus Wörtern der natürlichen Sprache. Dieses Kapitel soll eine Uebersicht über die Möglichkeiten der Programmierung mit solchen Sprachen vermitteln.

4.1.1 Vor- und Nachteile der höheren Programmiersprachen

Man kann ganz grob die folgenden Angaben über Vor- und Nachteile machen:

Vorteile:

- Schnellere Programmierung

    Die Anweisungen in höheren Programmiersprachen sind viel mächtiger als Assemblerbefehle. Deshalb wird ein in einer höheren Sprache geschriebenes Programm kürzer als ein entsprechendes Assemblerprogramm. Die Programmierleistung, gemessen in Anzahl Programmzeilen pro Tag, ist jedoch mehr oder weniger unabhängig von der Sprache, so dass sich damit insgesamt kürzere Programmentwicklungszeiten ergeben.

- Kürzere Ausbildungszeit

    Eine höhere Sprache kann schneller erlernt werden als eine Maschinensprache, weil der Befehlsvorrat kleiner und die Sprache auch besser strukturiert ist.

4.1 Einleitung

- Bessere Dokumentation und einfachere Wartbarkeit

  Programme in höheren Programmiersprachen haben einen höheren Dokumentationswert als solche, die auf Assemblerstufe geschrieben werden. Die Wartung (Verbesserungen, Erweiterungen) ist deshalb viel einfacher, als diejenige von Assemblerprogrammen.

- Bessere Fehlersuchhilfen

  Durch die in der höheren Sprache vorhandene Redundanz können gewisse Fehler schon im Quellenprogramm entdeckt werden. Es lassen sich viel mehr semantische d.h. die Bedeutung betreffende Fehler automatisch erkennen als bei Assemblerprogrammen.

- Maschinenunabhängigkeit

  Ein in einer höheren Sprache geschriebenes Programm ist weitgehend unabhängig von der Maschine, auf der es laufen soll.

Nachteile:

- Speicherplatzbelegung

  Im allgemeinen wird, vor allem bei kürzeren Programmen, mehr Speicherplatz verwendet, als wenn ein geübter Programmierer ein Assemblerprogramm schreiben würde. Mit den immer billiger werdenden Halbleiterspeichern verliert dieser Nachteil aber immer mehr an Bedeutung.

- Zeitbedarf bei der Ausführung

  Der Zeitbedarf bei der Ausführung ist im allgemeinen höher als bei Assemblerprogrammen.

- Anwendung nicht immer möglich

  Es wird in gewissen Fällen nicht möglich sein, alles in einer höheren Sprache zu programmieren. Es existieren in höheren Sprachen z.B. oft keine Befehle für die Ansteuerung von selbstgebauter Peripherie.

4.1.2 Die Entwicklung der höheren Programmiersprachen

Parallel zur technischen Entwicklung der Rechner lief seit etwa 1950 auch die Entwicklung von Programmiersprachen. Zuerst wurden zahlreiche Assemblersprachen entwickelt. Anschliessend folgte die Ent-

4. Programmieren mit höheren Programmiersprachen

wicklung der höheren Programmiersprachen. Da heute Sprachen verschiedener Entwicklungsstufen mit unterschiedlichen Zielsetzungen nebeneinander benützt werden, ist es sinnvoll, einen Blick auf die zeitliche Abfolge der einzelnen Entwicklungen zu werfen. Unterschiede zwischen den Sprachen werden auf diese Weise besser verständlich. Die folgende Zeittabelle gibt einige Anhaltspunkte über die gegenseitige Abhängigkeit zwischen den Sprachen. Dabei sind aus der grossen Zahl (mehrere hundert) der in diesem Zeitraum entstandenen Sprachen einige uns besonders interessierende herausgegriffen.

1954		FORTRAN		
1956				
1958		FORTRAN II	ALGOL-58	
1960	COBOL-60		ALGOL-60	
1962		FORTRAN IV		APL
1964		PL/1		
1965	BASIC			
1966				
1968	COBOL-68	FORTH	PASCAL	ALGOL-68
1970				
1972				
1974	COBOL-74			
1976				
1977		FORTRAN-77		
1978	BASIC-78		PORTAL	
1980			Ada Modula-2	

<- anwendungsorientiert : theorieorientiert ->

Tabelle 4.1 Zeitliche Entwicklung der höheren Programmiersprachen

FORTRAN (FORmula-TRANslator)

ist die auch heute noch am weitesten verbreitete Sprache für technisch-wissenschaftliche Anwendungen. Wesentlich sind die Möglichkeiten zur Berechnung von logischen und arithmetischen Ausdrücken, zur Ablaufsteuerung des Programms und zur Unterteilung eines Programms in Haupt- und Unterprogramme.

Die ALGOL Sprachen (ALGOrithmic Languages)

sind die ersten klar und eindeutig definierten Sprachen. Die Programmkonstruktionen sind genau vorgeschrieben und die Semantik (Be-

4.1 Einleitung

deutung) ist mit einer Definition erklärt. Die Sprachen haben eine Blockstruktur, erlauben es also, mit 'begin' und 'end' mehrere Anweisungen zu einem neuen Ganzen zusammenzufassen. Alle Variablen müssen deklariert werden. Es gibt lokale Variable mit begrenztem Gültigkeitsbereich und rekursive Prozeduren. Das Hauptanwendungsgebiet sind numerische Probleme.

COBOL (COmmon Business Oriented Language)

ist die Programmiersprache für kommerzielle Anwendungen. Die Anweisungen werden fast in der Umgangssprache geschrieben und sind damit schnell verständlich. Im Gegensatz zu FORTRAN und ALGOL liegt das Hauptgewicht auf der Konstruktion von komplizierten Datenstrukturen, wie sie beim vorgesehenen Anwendungsbereich oft auftreten.

BASIC (Beginners All Purpose Symbolic Instruction Code)

wurde speziell für Ausbildungszwecke geschaffen und wird normalerweise interpretiert und nicht kompiliert wie andere Sprachen.

FORTH (fourth generation language)

ist eine Sprache, die strukturierte Programmierung wie PASCAL stark unterstützt. Datenstrukturen sind dagegen nur wenige vorhanden. Da eine spezielle von Art von Code erzeugt wird (threaded code), können dem Anwender relativ einfach auch alle Systemfunktionen direkt zugänglich gemacht werden. Die Sprache eignet sich zum Beispiel für die Realisierung von Prozesssteuerungen.

PL/1 (Programming Language 1)

stellt einen Versuch dar, alle Möglichkeiten von ALGOL, FORTRAN und COBOL in einer einzigen Sprache zusammenzufassen. Dabei zeigte es sich, dass die Sprache einen grossen Umfang annnahm und damit den Anfänger oder Gelegenheitsanwender vor grosse Probleme stellt.

APL (A Programming Language)

ist eine stark formalisierte und präzise Sprache für numerische Probleme. Sie stellt eine grosse Zahl von Operatoren für die Behandlung von Vektoren und Matrizen zur Verfügung. Sie wird meistens interpretativ im Dialogverkehr mit dem Rechner benützt.

4. Programmieren mit höheren Programmiersprachen

PASCAL

ist eine relativ einfache Sprache, die im Gegensatz etwa zu PL/1 nur eine gezielte Auswahl von grundlegenden Sprachkonstruktionen enthält. Die bei andern Sprachen bestehenden Freiheiten wurden aus didaktischen Gründen und zur Erhöhung der Sicherheit bewusst einschränkt. Die Sprache hat aber trotzdem ein grosses Anwendungsgebiet und wird neben den Hochschulen auch in der Industrie zunehmend eingesetzt.

Modula-2

ist eine Weiterentwicklung von PASCAL, die sich vor allem für die Systemprogrammierung eignet. Neben neuen Strukturierungsmitteln werden Möglichkeiten zur Programmierung paralleler Abläufe und Werkzeuge für maschinennahes Arbeiten (low level facilities) angeboten.

PORTAL (Process Oriented Real Time Algorithmic Language)

ist eine Weiterentwicklung von PASCAL, die sich vor allem für die Realisierung von Automatisierungssystemen eignet. Die Sprache enthält Werkzeuge zur Lösung von Echtzeitproblemen sowie zur Programmierung paralleler Prozesse und deren Zusammenarbeit. Mit verschiedenen neuen Sprachkonstruktionen wird eine sichere und möglichst fehlerfreie Programmierung angestrebt.

Ada

hat den Charakter einer Universalsprache. Neben der klassischen sequentiellen Programmierung werden insbesondere die parallele Programmierung, die Echtzeit- und die Systemprogrammierung untestützt. Ada umfasst die Möglichkeiten von Modula-2 und PORTAL. Eine Vielzahl von Sprachkonstruktionen verleihen der Sprache eine grosse Ausdruckskraft.

Auch wenn die Definitionen höherer Sprachen weitgehend maschinenunabhängig sind, steht doch hinter jeder Sprache die Idee einer virtuellen Maschine, deren Behfehlssatz aus den Anweisungen dieser Sprache besteht.

Die klassischen Sprachen wie FORTRAN und COBOL gehen von einem einfachen Konzept aus. Zur Kompilationszeit kann für diese Sprachen der ganze Code erzeugt und es können auch alle Speicherplätze

4.1 Einleitung

reserviert werden. Man hat fest plazierte Programme und auch fest zugeteilte Datenbereiche. Die Speicherbelegung bleibt während der ganzen Ausführung fest. Dies ist mit ein Grund dafür, dass für FORTRAN ein effizienter Code erzeugt werden kann. Dies ändert sich, wenn wie bei ALGOL und PASCAL rekursive Prozeduren (Unterprogramme) eingeführt werden. Dies sind Prozeduren, die sich selbst aufrufen können, z.B. nach dem folgenden Programmteil:

```
PROCEDURE   action;
VAR x,y : INTEGER
BEGIN
..
..
IF  x>y THEN action;
END;
```

Bei einem solchen Programm kann die Speicherzuteilung nicht fest sein, da man nicht weiss, wie oft "action" sich selbst aufruft. In diesem Falle ist eine dynamische Speicherzuteilung vorteilhaft. Bei jedem Eintritt in die Prozedur wird Platz für x und y reserviert und beim Verlassen wieder freigegeben. Ein Stack (Stapelspeicher) ist die passende Organisationsform für diese Verwaltungsaufgabe. Rekursive Prozeduren eignen sich für die Bearbeitung rekursiv erzeugter Datenbestände. Als Beispiel dazu sei der PL0-Compiler in [5] genannt.

Die gleichen Ueberlegungen führten auf der Maschinenebene dazu, dass die Rücksprungadresse nicht mehr an einer festen Stelle im Unterprogramm abgelegt wird wie bei älteren Rechnerstrukturen, sondern auf einem Stapel. Damit kann eine Unterprogramm unterbrochen und vom unterbrechenden Programm benützt werden, ohne dass die Rücksprunginformation verloren geht.

4.2 Uebersicht über einige höhere Programmiersprachen

Eine eigentliche Einführung in die Programmierung mit höheren Programmiersprachen will dieses Buch nicht geben. Dazu wird auf die Literatur verwiesen. Hier sollen einige wesentliche Eigenschaften und Anwendungsgebiete kurz zusammengestellt werden. Wenn man eine Programmiersprache betrachtet, kann man etwa die folgenden Kriterien zu ihrer Beurteilung heranziehen:

4. Programmieren mit höheren Programmiersprachen

Datentypen Vereinbarungen:

- Welche Standardtypen sind verfügbar ?
- Können neue Typen definiert werden ?
- Sind dynamische Datenstrukturen möglich ?
- Welche Vereinbarungen (Deklarationen) sind nötig ?

Ausdrücke:

- Wie können arithmetische und logische Veknüpfungen dargestellt werden ?
- Wie komfortabel lassen sich mathematische Ausdrücke darstellen ?

Anweisungen:

- Welche einfachen Anweisungen sind vorhanden ?
- Welche strukturierten Anweisungen sind möglich ?
- Wie können etwa die logischen Grundstrukturen der Struktogramm-Notation realisert werden ?

Programmstrukturen:

- Gibt es Blockstrukturen wie z.B. Prozeduren, Module (Pakete) ?
- Gibt es rekursive Prozeduren ?

Ein- und Ausgabe:

- Welche Standardroutinen für Ein/Ausgabe gibt es ?
- Können weitere Ein/Ausgabe-Möglichkeiten geschaffen werden.
  (z.B. Assemblerroutinen zur Bedienung von Prozessperipherie, direkter Zugriff auf absolute Speicheradressen)

Einbezug von Programmteilen aus andern höheren Sprachen:

Obwohl dies nicht zur Sprachdefinition gehört, ist für den Anwender die Frage des Einbezugs von Programmteilen, die in einer andern Sprache geschrieben wurden, unter Umständen von grosser praktischer Bedeutung. Dies gilt zum Beispiel besonders für den Zugriff auf bereits existierende Unterprogrammsammlungen.

Anwendungsbereiche:

Die Beantwortung der oben gestellten Fragen hilft beim Auffinden der für eine Programmiersprache günstigen Anwendungsbereiche. Dabei ist zu bemerken, dass zwischen den im folgenden kurz skizzierten Sprachen grosse Unterschiede bestehen.

4.2 Uebersicht über einige höhere Programmiersprachen

4.2.1 PASCAL

Lehrbücher: [1] .. [4]

Syntaxdiagramme: [1],[3],[4],[9]

Datentypen,Vereinbarungen

- Skalare Datentypen:
  INTEGER, REAL,BOOLEAN, CHARacter, Aufzählungs- und Unterbereichs-Typen, Pointer.
- Strukturierte Datentypen: RECORD, ARRAY, SET
- Dynamische Datenstrukturen:
  FILE, Bäume und Listen (realisierbar mit Pointern)
- Vereinbarungen: Für alle Variablen nötig

Ausdrücke

Arithmetische und logische Verknüpfungen lassen sich praktisch gleich wie in der Mathematik üblich darstellen. Von der mathematischen Schreibweise muss man nur abweichen, wenn die zu verknüpfenden Operanden Vektoren oder Matrizen sind. Dann müssen die Verknüpfungen elementweise ausprogrammiert werden.

Anweisungen

- Einfache Anweisungen: Zuweisung, Prozeduraufruf, GOTO
- Strukturierte Anweisungen:
  Block: BEGIN .. END;
  Auswahl: IF .. THEN .. ELSE ..; CASE .. OF .. ;
  Schleifen: FOR .. := .. TO .. DO ..; REPEAT .. UNTIL ..;
             WHILE .. DO ..;

Programmstrukturen

Ein PASCAL Programm besteht aus einem Hauptprogramm und i.a. mehreren Prozeduren und Funktionen. Prozeduren und Funktionen können verschachtelt deklariert werden. Sie können Parameter besitzen. Rekursion ist erlaubt. Bei vielen Compilern können Prozeduren separat übersetzt werden.

Ein- und Ausgabe

Es gibt Standardprozeduren für Ein- und Ausgabe von bzw. auf Standardperipheriegeräte wie z.B. Drucker, Magnetplatten, Terminals.

4. Programmieren mit höheren Programmiersprachen

Bei einigen Implementationen gibt es Erweiterungen, die es erlauben, auch nicht standardisierte Geräte anzusprechen, ohne dass man auf die Maschinensprache zurückgreifen muss.

Anwendungsbereich

Technisch-wissenschaftliche Berechnungen, Textverarbeitung, Erstellen von Compilern, allgemein für Unterrichtszwecke.

Allgemein

Eine relativ einfache Sprache, die aber trotzdem ein enormes Anwendungsgebiet abdeckt.

4.2.2 BASIC

Lehrbuch: [8]

Datentypen, Vereinbarungen

- Skalare Datentypen: INTEGER, REAL, Character
- Strukturierte Datentypen: ARRAY , Strings
- Dynamische Datenstrukturen: File
- Vereinbarungen: nicht nötig, ausser für Arrays und Strings, falls von Defaultwerten abgewichen wird.

Ausdrücke

Komplexe arithmetische Ausdrücke lassen sich ähnlich komfortabel wie in PASCAL darstellen. Gewisse Implementationen enthalten auch Operationen auf strukturierte Daten (Vektoren und Matrizen).

Anweisungen

- Einfache Anweisungen:
  Zuweisung, Unterprogrammaufruf und Rücksprung, GOTO
- Strukturierte Answeisungen:
  Auswahl: IF .. THEN ..   ev. mit ELSE ..
  Schleifen: FOR .. = .. TO .. STEP ..   zusammen mit: NEXT ..

Programmstrukturen

Ein BASIC-Programm besteht aus einem Hauptprogramm und eventuell einem oder mehreren eingebauten Prozeduren und Funktionen. Unterprogramme sind dabei wesentlich verschieden von PASCAL

4.2 Uebersicht über einige höhere Programmiersprachen

Prozeduren. Sie stellen bei den meisten Implementationen lediglich Programmsegmente dar, die von verschiedenen Stellen her aufgerufen und durchlaufen werden können. Solche Unterprogramme haben keine Parameter oder lokale Variablen und können nicht verschachtelt deklariert werden. Funktionen sind ähnlich den Statement-Funktionen von FORTRAN. Sie werden auf einer Zeile definiert und dürfen im Extremfall nur ein Argument haben. Rekursion bei Funktionen und Unterprogrammen ist nicht möglich.

Ein- und Ausgabe

Es gibt Anweisungen für Ein- und Ausgabe von bzw. auf Standard-Peripheriegeräte wie z.B. Drucker, Magnetplatten, Terminals. Die Syntax ist dabei allerdings implementationsabhängig. Bei BASIC-Varianten für kommerzielle Anwendungen sind entsprechend erweiterte Formatiermöglichkeiten eingebaut.

Anwendungsbereich

Numerische Berechnungen, teilweise auch kommerzielle Applikationen, Ausbildung

Allgemein

Eine einfache, sehr weit verbreitete Sprache. Dank verschiedenartiger Zusätze auch in der Industrie für Prozesssteuerungen und Messsysteme eingesetzt. Da BASIC als Interpreter resident arbeitet, ist es auch geeignet für Taschen- und Tischrechner ohne Massenspeicher.

4.2.3 FORTRAN

Lehrbücher: [6], [7]
Syntax: siehe [9]

Datentypen, Vereinbarungen

- Skalare Datentypen:
  INTEGER, REAL, LOGICAL (boolean), COMPLEX, DOUBLE PRECISION
  CHAR (neuer Standard 1977)
- Strukturierte Datentypen: ARRAY
- Dynamische Datenstrukturen: Files
- Vereinbarungen: nötig bei Grössenangaben von Arrays und für Variablen, bei denen vom Defaulttyp abgewichen wird.

Ausdrücke

Aehnlich wie bei PASCAL

Anweisungen

- Einfache Anweisungen:
  Zuweisung, Unterprogrammaufruf und -Rücksprung, GOTO
- Strukturierte Anweisungen:

  Auswahl: IF (..) .. neu: IF .. THEN .. ELSE .. (FORTRAN 77)
  berechnetes GOTO (für Fallunterscheidung)
  Schleifen: DO .. .. = ..,..,.. (feste Durchlaufzahl)
  DO .. WHILE .. (FORTRAN 77)

Programmstrukturen

Ein FORTRAN-Programm besteht aus einem Hauptprogramm und allfälligen Unterprogrammen und Funktionsunterprogrammen. Anders als bei BASIC sind dabei Subroutinen- und Funktionsunterprogramme separate Einheiten mit lokalen Variablen und Argumenten sowie der Möglichkeit auf gemeinsame Datenbereiche (COMMON) zuzugreifen. Aehnlich wie bei BASIC können zusätzlich einzeilige Funktionen definiert werden. Rekursion bei Unterprogrammen ist nicht möglich.

Ein- und Ausgabe

Es gibt Anweisungen für Ein- und Ausgabe von bzw. auf Standard-Peripheriegeräte wie z.B. Drucker, Magnetplatten, Terminals. Je nach Anwendugsgebiet existieren zusätzliche Möglichketen zur Bedienung von nicht-standard Geräten in Form von Unterprogrammen, vor allem für Graphik und Prozessperipherie.

Anwendungsbereich

Numerische Berechnungen

Allgemein

Meist verwendete Sprache im technisch-wissenschaftlichen Bereich. Sehr viele Erweiterungen in Form von Programmbibliotheken für Graphik, Prozesssteuerungen, Simulation, höhere Mathematik und Statistik.

4.3 Programmbeispiele

In Abschnitt 2.7 wurde ein Struktogramm entwickelt, für ein Programm, das gestattet, einen Taschenrechner zu emulieren. Dieses Struktogramm lässt sich in ein PASCAL- oder FORTRAN-Programm umsetzen. Im folgenden wird je eine mögliche PASCAL- und FORTRAN-Variante für die Lösung des besprochenen Problems gezeigt. Sie wurden mit dem PDP-11 FORTRAN/RT beziehungsweise mit dem PASCAL-2 Compiler von OREGON Software realisiert.

Das Beispiel legt deutlich zwei der Schwächen von FORTRAN offen:

- es ist nur bedingt für Textverarbeitung geeignet
- es sind keine komfortablen Auswahlstrukturen vorhanden

```
PROGRAM POCKET (Input,Output);     { OREGON PASCAL-1 fuer RT-11 }

CONST
  ProgrammName  = 'Pocket-Computer';
  VersionNumber = 'V1A-018'; VersionDate = '7-Dec-83';

VAR
  X,Y,Z,T : Integer  ;       { Stackregister }
  S       : Integer  ;       { Speicherregister }
  ch      : Char     ;       { eingegebenes Zeichen }
  LiftEin : Boolean  ;       { Indikator fuer automatisches ENTER }

Procedure Enter;
BEGIN    T := Z; Z := Y; Y := X;   END;

Procedure PushDownStack;
BEGIN    Y := Z; Z := T;   END;

Procedure ZahlEingabe;
BEGIN
  IF LiftEin THEN Enter;
  X := 0;
  REPEAT
    X := 10*X + Ord(ch)-Ord('0');
    Read (ch);
  UNTIL NOT (ch IN ['0'..'9']);
END;
```

4. Programmieren mit höheren Programmiersprachen

```
Procedure DoOperation;

BEGIN  { Wichtig: darf nur bei gueltigem Befehl aufgerufen werden }
  CASE ch OF
    'D' : WriteLn ('   X=',X:1,'   Y=',Y:1,'   Z=',Z:1,
                   '   T=',T:1,'   S=',S:1);
    'E' : Enter;
    'V' : BEGIN X := -X; WriteLn (X:10) END;
    '+' : BEGIN X := Y+X; PushDownStack; WriteLn(X:10) END;
    '-' : BEGIN X := Y-X; PushDownStack; WriteLn(X:10) END;
    '*' : BEGIN X := Y*X; PushDownStack; WriteLn(X:10) END;
    '/' : BEGIN X := Y DIV X; PushDownStack; WriteLn(X:10) END;
    'C' : X := 0;
    'S' : S := X;
    'R' : BEGIN Enter; X := S END;
  END;
  IF ch IN ['+','-','*','/','S','R']
    THEN LiftEin := True   { autom. ENTER }
    ELSE IF ch IN ['E','V','C'] THEN LiftEin := False;
END;

BEGIN    {* Haupt-Programm *}

  WriteLn (ProgrammName,' ',VersionNumber,' (',VersionDate,')');
  X :=0; Y :=0; Z :=0; T :=0;    { Loesche Stapel }
  LiftEin := False;              { automatischer Stack-Lift aus }
  WriteLn ('   X=',X:1,'   Y=',Y:1,'   Z=',Z:1,'   T=',T:1,'   S=',S:1);

  REPEAT
    REPEAT Read(ch) UNTIL ch <> ' ';   { Leerzeichen ueberspringen }
    WHILE ch IN ['0'..'9','D','E','V','+','-','*','/','C','S','R'] DO
    BEGIN
      IF ch IN ['0'..'9'] THEN ZahlEingabe
        ELSE BEGIN DoOperation; Read(ch) END;
      WHILE ch = ' 'DO Read(ch); { Leerstellen ueberlesen }
    END;
    WriteLn (' Illegales Zeichen: "',CH,'"');
  UNTIL FALSE { inifinite Schleife ! };

END.
```

4.3 Programmbeispiele

```
      PROGRAM POCKET ! Edit#20 14-Dec-83 Autor:wgm. File:POCKET.FOR
C
C     Simulation eines Taschenrechners in FORTRAN/RT-11
C     ---------------------------------------------------
C
      INTEGER X,Y,Z,T, S    ! Stapelregister, Speicheregister
      INTEGER TTIN,TTOUT    ! Logische Nr. fuer Terminal-Ein/Ausgabe
      BYTE CODE(10),CH      ! Gueltige Zeichen, eingel. Zeichen
      LOGICAL LIFT          ! Schalter Stack-Lift Ein/Aus
C
      COMMON /REGSTR/ X,Y,Z,T,S, LIFT
      COMMON /UNITS/TTIN,TTOUT
C
      DATA CODE/'+','-','*','/','C','D','E','R','S','V'/
      DATA TTOUT/7/, TTIN/5/
      DATA X/0/,Y/0/,Z/0/,T/0/,S/0/, LIFT/.FALSE./  ! Anfangszustand
C                                                   ! des "Rechners"
      WRITE (TTOUT,10) X,Y,Z,T,S   ! Programmidentifikation
   10 FORMAT (/' Pocket-Calculator'/
     1       /' X=',I6,' Y=',I6,' Z=',I6,' T=',I6,' S=',I6)
C
   20 CALL INPUT (CH)       ! hole naechstes non-BLANK Zeichen
   30 CONTINUE
C
C Pruefen ob Ziffer
C
      IF ((CH.LT.'0').OR.(CH.GT.'9')) GOTO 40
      CALL NUMBER (CH) ! CH = 1.Ziffer resp. naechstes Zeichen
      GOTO 30          !     nach dem UP-Ruecksprung
C
C Pruefen ob legales Operationszeichen
C
   40 INDEX = 0
      DO 50 I = 1,10
      IF (CH .NE. CODE(I)) GOTO 50
      INDEX = I
      GOTO 51
   50 CONTINUE
   51 CONTINUE
C
      IF (INDEX .EQ. 0) GOTO 777 ! Zeichen Illegal
      CALL OPERAT (INDEX)        ! Operation ausfuehren
      GOTO 20
C
C Fehlerhafte Eingabe
C
  777 WRITE (TTOUT,778) CH
  778 FORMAT(' Illegales Zeichen: "',1A1,'"')
      GOTO 20
      END
```

```
      SUBROUTINE OPERAT(INDEX) ! *** Ausfuehren der Operationen ***
C
      INTEGER TTIN,TTOUT
      INTEGER X,Y,Z,T,S
      LOGICAL LIFT
      COMMON /REGSTR/X,Y,Z,T,S, LIFT
      COMMON /UNITS/TTIN,TTOUT
C
C     Codes:  '+'   '-'   '*'   '/'   'C'   'D'   'E'   'R'   'S'   'V'
C     Index:   1     2     3     4     5     6     7     8     9    10
C     Lift :  on    on    on    on   off     -   off    on    on     -
C
      GOTO (100, 200, 300, 400, 500, 600, 700, 800, 900, 1000), INDEX
C
  100 X = Y+X                    ! '+'
      GOTO 450
  200 X = Y-X                    ! '-'
      GOTO 450
  300 X = Y*X                    ! '*'
      GOTO 450
  400 X = Y/X                    ! '/'
C
  450 CALL DROP                  ! Stack Drop
      WRITE (TTOUT,460) X        ! Zwischenresultat ausgeben
  460 FORMAT(1X,I10)
      LIFT = .TRUE.
      RETURN
C
  500 X = 0                      ! 'C' (Clear X)
      LIFT = .FALSE.
      RETURN
C
  600 WRITE (TTOUT,610) X,Y,Z,T,S     ! 'D' (Display registers)
  610 FORMAT(' X=',I6,' Y=',I6,' Z=',I6,' T=',I6,' S=',I6)
      RETURN
C
  700 CALL ENTER                 ! 'E' (Enter)
      RETURN
C
  800 IF (LIFT) CALL ENTER       ! 'R' (Recall)
      X = S
      LIFT = .TRUE.
      RETURN
C
  900 S = X                      ! 'S' (Store)
      LIFT = .TRUE.
      RETURN
C
 1000 X = -X                     ! 'V' (reVerse sign)
      RETURN
      END
```

4.3 Programmbeispiele

```
C       SUBROUTINE NUMBER (CH)   ! ** Zahl aus Ziffern zusammenfuegen **
C
        INTEGER X,Y,Z,T,S, ZAHL,  TTIN,TTOUT
        LOGICAL LIFT
        BYTE CH
        COMMON /REGSTR/X,Y,Z,T,S, LIFT,  /UNITS/TTIN,TTOUT
C
        ZAHL = CH-'0'    ! Ord(CH)
     10 CALL INPUT (CH)  ! naechstes Zeichen holen
        IF ((CH.LT.'0').OR. (CH.GT.'9')) GOTO 20  ! keine Ziffer ?
        ZAHL = 10*ZAHL + (CH-'0')
        GOTO 10
C
     20 IF (LIFT) CALL ENTER
        X = ZAHL
        RETURN
        END
C
        SUBROUTINE ENTER             ! ** Stapel anheben (ENTER) **
C
        INTEGER X,Y,Z,T,S
        LOGICAL LIFT
        COMMON /REGSTR/X,Y,Z,T,S, LIFT
C
        T = Z
        Z = Y
        Y = X
        LIFT = .FALSE.
        RETURN
        END

C
        SUBROUTINE DROP       ! ** Stapel "nachziehen" (Stack Drop) **
C
        INTEGER X,Y,Z,T,S
        LOGICAL LIFT
        COMMON /REGSTR/X,Y,Z,T,S, LIFT
C
        Y = Z
        Z = T
        RETURN
        END
C
        SUBROUTINE INPUT (CH)    ! *** Lies naechstes Zeichen ***
C                                ! Routine fuer zeichenweises Lesen
        BYTE CH, ZEILE(80)       ! da in FORTRAN nicht vorgesehen
        INTEGER TTIN,TTOUT
C
        COMMON /UNITS/TTIN,TTOUT
        DATA NEXT/0/
C
     10 NEXT = MOD(NEXT,80) +1
        IF (NEXT .EQ. 1) READ (TTIN,20) ZEILE
     20 FORMAT(80A1)
        CH = ZEILE(NEXT)
        IF (CH .EQ. ' ') GOTO 10  ! Leerstellen ignorieren
        RETURN
        END
```

4.4 Compiler

4.4.1 Der Aufbau eines Compilers

Die Aufgabe eines Compilers besteht darin, ein in einer höheren Sprache geschriebenes Programm in Maschinencode zu übersetzen. Im allgemeinen wird nicht direkt ein ausführbarer Code erzeugt, sondern ein binärer Zwischencode, der sogenannte Objektcode. Die Uebersetzung wird in verschiedenen Schritten (Phasen) durchgeführt. Ein Compiler ist seinerseits ein Programm, das die Compilation in die folgenden Teilaufgaben zerlegt:

1. lexikalische Analyse (SCANNER)
2. Syntaxanalyse   (PARSER)
3. Befehlserzeugung   (CODE GENERATOR)
4. Optimierung   (OPTIMIZER   falls vorhanden)

In Klammern stehen die üblicherweise vewendeten Begriffe für die entsprechenden Teilprogramme. Im folgenden sollen die drei ersten Phasen etwas näher untersucht werden.

4.4.2 Der Scanner

Der Scanner sucht den Programmtext auf gültige Symbole ab, indem er den Programm-Quellentext zeichenweise liest. Symbole im Sinne einer Computersprache sind:

- reservierte Wörter (z.B. BEGIN, END, WHILE, DO etc.)
- Bezeichner (Variablennamen)
- Zahlen in verschiedenen Notationen
- Spezialzeichen bzw. Kombinationen von solchen wie: :=, >=, ;, +, /

Das folgende Beispiel soll die Funktion des Scanners illustrieren.

```
IF Det >= 0.0
   THEN
      BEGIN
      p1 := (-b + SQRT(Det)) /2.0;
      p2 := -b - p1;
      END
   ELSE ...
```

Der Scanner findet daraus die folgende Symbolfolge:
IF | Det | >= | 0.0 | THEN | BEGIN | p1 | := | (| - | b | + | .....

4.4 Compiler

Ein Scanner muss also Zeichengruppen, die durch Trennzeichen wie Leerstelle(n), Tabulator(en), Neue Zeile(n) begrenzt sind, isolieren und zu Symbolen zusammenfassen. Sein Struktogramm kann etwa wie in Bild 4.1 aussehen.

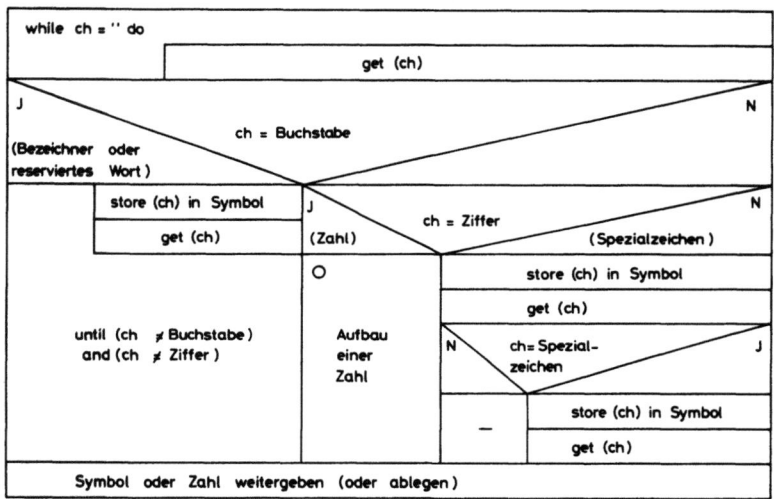

Bild 4.1 Struktogramm eines einfachen Scanners

4.4.3 Der Parser

Der Parser besorgt die Syntaxanalyse. Er prüft, ob die vom Scanner erzeugte Symbolfolge den Syntaxregeln der entsprechenden Sprache genügt. Neben der syntaktischen kann teilweise auch die semantische Richtigkeit überprüft werden. So wird bei modernen Sprachen etwa die Typenverträglichkeit bei Ausdrücken, Anweisungen und Prozedurparametern kontrolliert. Findet der Parser Fehler, so muss er eine Fehlermeldung erzeugen, am besten indem er möglichst genau auch die Stelle im Quellenprogramm bezeichnet, wo der Fehler entdeckt wurde. Oft bereitet der Parser auch die Befehlserzeugung vor, indem er die Symbolfolge in einen Zwischencode überführt.

Man sieht, dass der Aufgabenbereich des Parsers je nach Sprache und Implementation verschieden gross sein kann. Hier soll das Problem des Wiedereinstiegs (Error Recovery) im Fehlerfall vorerst übergangen werden, indem die Compilierung abgebrochen wird.

Die Funktion eines einfachen Parsers wird am Beispiel einer PLO Zuweisung illustriert. PLO ist eine ganz einfache PASCAL-ähnliche

64   4. Programmieren mit höheren Programmiersprachen

Sprache die in [5] zur Erläuterung eines Compilerprogramms definiert wurde. PL0 Zuweisungen sind durch die Syntaxdiagramme in Bild 4.2 definiert.

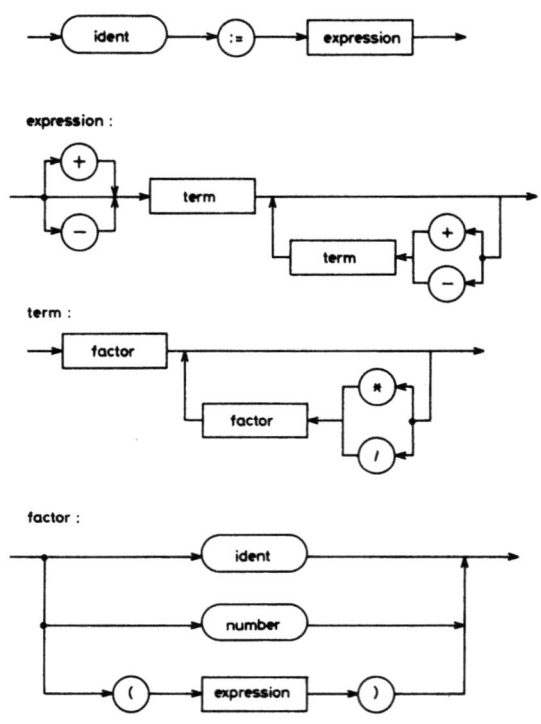

Bild 4.2   Syntaxdiagramm PL0-Zuweisung

Die Struktogramme des Parsers lassen sich nun leicht aus den Syntax-Diagrammen ableiten (Bild 4.3) Die Umsetzung dieser Struktogramme in ein Programm ist dann trivial, wenn man eine Sprache benützt, die wie PASCAL Rekursion zulässt. In den vorstehenden Struktogrammen ist angegeben, wo jeweils ein Fehler entdeckt werden kann.

Die Behandlung eines erkannten Fehlers geschieht im allgemeinen in zwei Schritten. Zunächst muss eine möglichst klare Fehlermeldung erzeugt und an den Benutzer des Uebersetzers ausgegeben werden. Solche Meldungen könnten sein:

- An dieser Stelle muss eine Variable stehen.
- Hier wird ':=' verlangt
- Linke/rechte Klammer fehlt

4.4 Compiler

PL / Ø - Zuweisung:

expression:

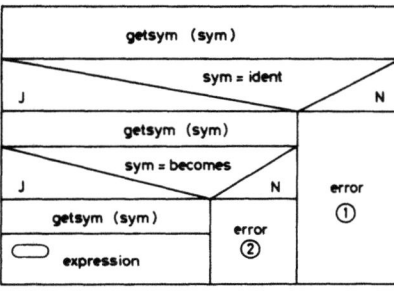
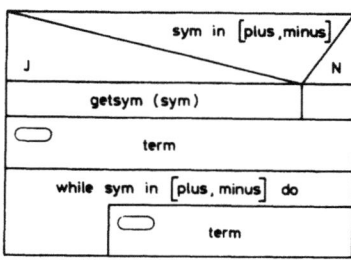

factor:

term:

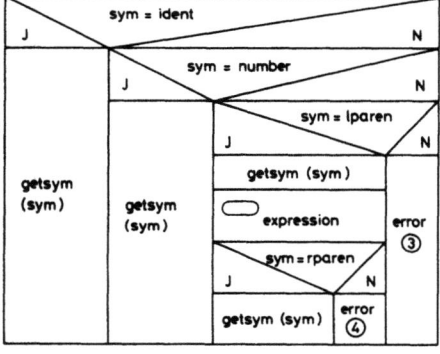
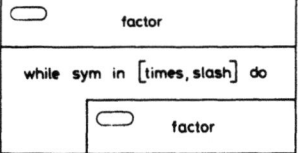

Bild 4.3 Struktogramme zu PLO-Parser

Der schwierigere Teil der Fehlerbehandlung besteht in der Frage, wie das Uebersetzungsprogramm nach einem Fehler weiterlaufen soll. Wenn gleich die ganze Uebersetzung abgebrochen wird, kann bei jedem Durchlauf nur ein einziger Fehler erkannt werden. Beim Weiterübersetzen besteht jedoch die Gefahr, dass Folgefehler entstehen, die auf bereits bekannte Fehler zurückzuführen sind. Wenn zum Beispiel eine Deklaration falsch ist, sind die darin deklarierten Variablen nachher nicht bekannt, was zu zahlreichen Fehlermeldungen führt. Gute Compiler unterscheiden sich von schlechten denn auch oft gerade in diesem Teil. Bei der Untersuchung eines Compilers sollte man deshalb unbedingt auch Programme mit Fehlern übersetzten lassen, um zu prüfen, wie der Compiler mit diesen Fehlern umgeht.

4.4.4 Speicherplatzreservation und Befehlserzeugung

Damit die Behandlung nicht allzu kompliziert wird, wollen wir annehmen, der Compiler übersetze das Programm in die Assemblersprache des entsprechenden Rechners und nicht direkt in die Maschinensprache. Für die Speicherplatzreservation stehen dann alle Pseudobefehle der Assemblersprache zur Verfügung. Wenn von der Sprache eine Deklaration der Variablen vorgeschrieben ist, kann aus dieser Deklaration die Reservation direkt abgeleitet werden. Sonst muss eine Reservation beim erstmaligen Auftreten einer Variablen vorgenommen werden.

Wie die Ablaufkonstruktionen mit Assemblerbefehlen realisiert werden können, wurde auch bereits im Abschnitt 3.3.1 behandelt. Ausdrücke werden üblicherweise zuerst in umgekehrte polnische Notation umgesetzt. Diese Umsetzung ist einfach ("Verzögerung" von Operanden und "Ueberlesen" von Klammern) und wird oft bereits vom Parser durchgeführt. Die anschliessende Uebersetzung in den Assemblercode des Rechners ist dann vor allem für eine Maschine mit Stapelarchitektur einfach. Damit ist die Wirkungsweise eines Compilers in groben Zügen beschrieben.

4.5 Interpreter

Ein Interpreter unterscheidet sich von einem Compiler wie folgt: Er übersetzt ein Programm nicht als Ganzes, sondern meist Zeile für Zeile und führt diese dann sogleich aus. Er übernimmt also Uebersetzung und Ausführung des Programms, während ein Compiler ein Programm nur in Objektcode übersetzt.

Da bei einem Interpreter das Programm zur Laufzeit übersetzt wird, wird die Ausführungszeit vergleichsweise höher. Insbesondere wird dadurch bei Schleifen ein Programmteil unter Umständen n-fach übersetzt. Interpretativ wird zum Beispiel in den folgenden Fällen gearbeitet:

- bei einfachen Sprachen, wie z.B. BASIC (Ausbildung, Lösung kleiner Rechenaufgaben)
- bei überwiegendem Dialogverkehr mit dem Rechner in stark anwendungsorientierten Sprachen (z.B. APL für Matrizenrechnung)

4.6 Anwendungsgebiete für höhere Programmiersprachen

Die höheren Programmiersprachen werden heute auf praktisch allen Gebieten eingesetzt. Erwähnt seien die klassisch zu nennenden Gebiete der kommerziellen Datenverarbeitung, der technisch-wissenschaftlichen Berechnungen und der Textverarbeitung. In den letzten Jahren wurden höhere Sprachen entwickelt, die sich auch zur Programmierung von Prozessrechnern eignen. Damit können auch in der Steuer- und Regeltechnik höhere Sprachen eingesetzt werden. Einige der neueren Sprachen lassen sich auch in der Systemprogrammierung etwa für Betriebssysteme einsetzen.

4.7 Literatur zu Kapitel 4

[1]   Marty R.: Methodik der Programmierung in PASCAL. Springer 1983.

[2]   Herschel R.; Pieper F.: PASCAL: Systematische Darstellung von PASCAL und Concurrent PASCAL für den Anwender. Oldenburg 1981.

[3]   Grogono P.: Programming in PASCAL. Addison-Wesley 1980.

[4]   Jensen K., Wirth N.: PASCAL User Manual and Report. Springer 1974.

[5]   Wirth N.: Compilerbau. Teubner 1977.

[6]   Brauch W.: Programmieren mit FORTRAN. Teubner 1979.

[7]   Wehnes H.: Fortran 77. Carl Hanser 1984.

[8]   Schärf J.: BASIC für Anfänger. Oldenburg 1977.

[9]   Kaucher E.; Klatte R.; Ullrich Ch.: Höhere Programmiersprachen ALGOL, FORTRAN, PASCAL in einheitlicher und übersichtlicher Darstellung. BI 1978.

[10] Brodie L.: Starting FORTH. Prentice Hall 1981.

[11] Floegel E.: FORTH-Handbuch. Einführungen, Grundlagen, Beispiele. Hofacker 1982.

[12] FORTH-83 Standard. Mountain View Press 1983.

5 Betriebssysteme: Aufbau und Funktionen

5.1 Einleitung

Aufbau und Funktionen von Betriebssystemen variieren je nach Rechnertyp und Anwendungszweck. Es ist deshab schwierig, eine allgemeingültige Beschreibung zu geben. Für das Verständnis ist es nützlich, einzelne Komponenten und Funktionen anhand konkreter Beispiele zu erläutern. Solche Beispiele stützen sich im folgenden hauptsächlich auf die bei den weitverbreiteten PDP-11 Rechnern verwendeten Betriebssysteme.

Ein Betriebssystem ist vom Benutzer her betrachtet nichts anderes als ein Hilfsmittel zur Erstellung und Ausführung von Programmen. Es besteht aus einem System aufeinander abgestimmter Programme, die organisatorische, verwaltungstechnische sowie Hilfsfunktionen ausführen. Vordergründig dient also das Betriebssystem der Erleichterung der Programmierung, hintergründig aber vor allem der besseren Ausnutzung der Komponenten eines Rechners. Viele allgemeine Probleme des Betriebs eines Rechners sind im Betriebssystem vorprogrammiert, insbesondere die aufwendigen und komplexen Ein/Ausgabeoperationen.

Da der durchschnittliche Benutzer weder die Erfahrung noch die notwendige Uebersicht besitzt, garantiert ein Betriebssystem eine gute Ausnutzung und spart vor allem Programmierzeit. Dabei gibt es verschiedene Stufen, auf denen der Benützer Systemfunktionen ansprechen kann. Bei der Benützung höherer Programmiersprachen im Stapelbetrieb (BATCH) geschieht dies unbewusst, während man bei der Programmierung auf Assemblerstufe unmittelbar Systemfunktionen anspricht.

Bei Minicomputern und Grossrechnern (MAINFRAMES) wird ein Programm meist auf demjenigen Rechner erstellt, auf dem es auch ausgeführt wird. Ein Merkmal der Mikrocomputer ist nun aber, dass man dort die beiden Funktionen aus wirtschaftlichen und praktischen Gründen häufig trennt. Beim klassischen Mikrorechnereinsatz wird das fertige Programm in einem ROM (Read Only Memory) gespeichert und in einen

5.1 Einleitung

Minimalrechner eingesetzt. Dieser bildet dann einen Teil eines Gerätes, so dass er für den Benutzer nach aussen nicht mehr in Erscheinung tritt. Die Programmentwicklung geschieht dabei mit

- einem Cross Assembler oder Cross Compiler
auf einem geeigneten Gastrechner (HOST COMPUTER). Die Uebertragung der lauffähigen Programme auf den Zielrechner kann mittels Lochstreifen, ROM-Programmiergerät oder durch Down Line Loading (direkte Uebertragung des Programms über eine Leitung zum Zielrechner) gemacht werden.

- oder einem Entwicklungssystem,
d.h. einem gleichartigen Rechner, der aber zusätzlich mit Massenspeicher (Disk), Drucker und ROM-Programmiergerät zur bequemeren Programmentwicklung ausgerüstet ist.

5.2 Wie ist ein Betriebssystem organisiert ?

Die verschiedenen Programme eines Betriebssystems werden im allgemeinen nicht gleichzeitig gebraucht und hätten überdies auch nicht alle zusammen im Arbeitsspeicher Platz. Man speichert deshalb nur ein Minimalprogramm dauernd, während die andern von einem externen Speichermedium nach Bedarf eingelesen werden. Daraus folgt, dass das residente Programm eines Betriebssystems als minimale Funktion in der Lage sein muss, ein anderes einzulesen. Nun muss aber auch dieses Kernprogramm auf irgend eine Art in den Speicher eingegeben werden. Dies geschieht mittels eines rudimentären Ladeprogramms, dem sogenannten Urlader (BOOTSTRAP). Dieser Urlader ist nun so klein (einige wenige bis ca. 20 Befehle), dass er über die Konsolschalter oder Tasten des Rechners manuell eingegeben werden kann. Bei neueren Rechnern wird der Urlader in einem ROM fest gespeichert und kann mittels Schaltern und Tasten oder durch einen Steuerbefehl gestartet werden.

Eine einfache Möglichkeit besteht darin, die Programme eines Betriebssystems auf Lochstreifen abzuspeichern. Zum Einlesen eines Programms wird der entsprechende Lochstreifen in den Leser gelegt und mit dem residenten Ladeprogramm in den Arbeitsspeicher gelesen. Diese wenig komfortable und bei den ersten Minicomputern übliche Organisationsform verschwindet dank der immer billiger werdenden Massenspeichermedien. Solche Medien - Magnetplatten und Bänder in den verschiedensten Formen - erlauben eine bequemere und auch viel raschere Organisation, die aber grundsätzlich nach demselben Schema verläuft. Die Abläufe sind aber zumeist nicht mehr sichtbar und der Anfänger hat deshalb manchmal Mühe, die Zusammenhänge zu verstehen.

Als Hintergrundspeicher für die Programme eines Betriebssystems verwendet man aus organisatorischen und Geschwindigkeitsgründen ein Medium mit der Möglichkeit zum direktem Zugriff auf die gespeicherten Programme, also vorzugsweise Magnetplatten in den verschiedensten Formen. Ein Programm: Editor, Assembler, Compiler etc. kann nun durch einen einfachen Befehl auf der Steuerschreibmaschine automatisch eingelesen werden, d.h. ohne dass der Benutzer das Speichermedium selbst manipulieren muss. Bei der einfachen Lochstreifenorganisation sucht der Benutzer den richtigen Streifen heraus. Bei der Verwendung von Massenspeichern befinden sich mehrere Programme auf demselben Medium. Dies bedingt, dass die Programme auf dem Medium so gespeichert werden, dass sie leicht wieder gefunden werden können. Die Art und Weise, wie dies geschieht, d.h. die physikalische Anordnung und der Aufbau eines Inhaltsverzeichnisses auf einem Medium ist typisch für ein bestimmtes Betriebssystem und wird Fileorganisation genannt.

Aehnlich wie bei der Lochstreifenorganisation muss auch bei der Verwendung eines Massenspeichers als Hintergrundspeicher ein Urladeprogramm (BOOTSTRAP) vorhanden sein, welches das zentrale Systemprogramm einliest. Dieses stellt eine Art Hauptprogramm dar und wird meist Monitor oder Executive genannt. Das Gerät, von dem der Monitor gelesen wird, nimmt innerhalb des Rechnersystems eine besondere Stellung ein und wird deshalb auch Systemgerät (SYSTEM DEVICE) genannt. Zudem wird bei diesem Bootstrapping nicht direkt das Monitorprogramm eingelesen, sondern noch ein Zwischenschritt eingefügt. Der (residente) Urlader liest dabei von einer festen Stelle des Systemmediums z.B. vom ersten Block einer Magnetplatte, ein Hilfsprogramm in den untersten Bereich des Arbeitsspeichers. Erst dieses Programm lädt dann das eigentliche Monitorprogramm respektive dessen residenten Teil. Dadurch kann sich das Monitorprogramm an einer beliebigen Stelle des Systemmediums befinden. Der Vorteil dieses Vorgehens besteht darin, dass das eigentliche Bootstrap-Programm sehr kurz wird. Es muss nur gerade den ersten Block des Systemmediums lesen und das darin enthaltene Programm zur Ausführung starten. Gewisse Funktionen, die nur beim Systemstart ausgeführt werden, können überdies in diesem Zwischenschritt erledigt werden und dadurch das eigentliche Monitorprogramm reduzieren. Bei grösseren Rechnern

5.2 Wie ist ein Betriebssystem organisiert ?

können ohne weiteres verschiedene Geräte: Hard-Disk, Floppy-Disk, Kassette etc. angeschlossen sein, die als Systemgerät für ein Betriebssystem dienen können. Entsprechend benötigt man für jedes Gerät ein individuelles Bootstrap-Programm. Ein bestimmtes Bootstrap Programm kann dann durch Eingabe seiner Startadresse an den Konsolschaltern oder - bequemer - durch Angabe eines symbolischen Gerätenamens über das Konsolterminal gestartet werden.

5.3 Welches sind die Aufgaben eines Betriebssystems ?

Wie erwähnt, stellt ein Betriebssystem ein Programmsystem dar, das der Entwicklung und Ausführung von Benutzerprogrammen, unter bestmöglicher Ausnützung der vorhandenen Betriebsmittel dient. Die Auslegung geschieht nach verschiedenen Kriterien, die das Vorhandensein oder die Gewichtung der verschiedenen Systemfunktionen bestimmen. Als solche Kriterien kommen in Frage:

- Anwendungszweck : technisch-wissenschaftliche Berechnungen, kommerzielle Applikationen, Echtzeitbetrieb, Prozesssteuerung und Regelung
- Einzweck oder Mehrzwecksystem
- Anzahl gleichzeitiger unabhängiger Benutzer
- Anzahl gleichzeitig laufender Programme
- Stapelbetrieb und/oder Dialogbetrieb
- interaktive Programmentwicklung und Ausführung
- Wirtschaftlichkeit, Durchsatz
- Anforderungsprofil (Verteilung der Programmeigenschaften)
- Antwortzeit

Dazu sollte das Betriebssystem in der Lage sein, die folgenden Funktionen auszuüben:

- Dialog mit dem Benutzer
- Befehlsinterpretation und -ausführung
- Programmladen
- Systemüberwachung
- Speicherverwaltung
- Fehlersuchhilfen (DEBUGGING)
- Ablaufsteuerung (SCHEDULING)
- Dateiverwaltung (FILEHANDLING)
- Verwaltung von Systemtabellen
- Betriebsmittelverwaltung (z.B. SPOOLING)

- Ein/Ausgabe-Steuerung
- Hilfsfunktionen, z.B. Konversionen, Daten (ent)packen
- Automatische Tests und Registrierung von Fehlern
- Abrechnung (ACCOUNTING)
- Interkommunikation zwischen selbständigen Programmen
- Schutzmechanismen, um zum Beispiel zu Verhindern, dass ein Programm unbefugterweise auf ein anderes oder dessen Daten zugreift, oder dass durch ein fehlerhaftes Programm ein Systemzusammenbruch verursacht wird.

Je nach Art des Betriebs haben die obigen Funktionen verschiedenes Gewicht und sind mehr oder weniger komplex. Teilweise können sie aber auch fehlen. Wenn eine Anlage nicht kommerziell eingesetzt wird, hat z.B. ein Abrechnungssystem eher eine erzieherische Funktion.

5.4 Die Komponenten eines Betriebssystems

Man kann ein Betriebssytem auch auffassen als ein sehr grosses Programm, bestehend aus einer Reihe von Unterprogrammen, die nie alle geichzeitig im Arbeitsspeicher sein können, und einem Hauptprogramm, dem (residenten) Monitorprogramm. Der Monitor lädt nach Bedarf die verschiedenen "Unterprogramme" in den Speicher und startet sie zur Ausführung. Je nach der Bindung zum zentralen Monitorprogramm unterscheidet man zwischen Steuerprogrammen (Systemroutinen) und Arbeitsprogrammen (UTILITIES) wie Editoren, Kopierprogramm, Compiler etc. Im folgenden sollen die meistgebrauchten Teile eines Betriebssystems und deren Funktionen kurz erläutert werden. Während bei den Arbeitsprogrammen die Zweckbestimmung für den Benutzer klar in Erscheinung tritt, geschieht dies bei systemnahen Funktionen weniger in Form eigenständiger Programme als von Befehlen.

5.5 Steuerprogramme und Systemfunktionen

5.5.1 Der Monitor-Benutzer Dialog

Bei den einfachsten Mikrorechnersystemen, die auf einer einzigen Karte als sogenannter Single Board Computer SBC aufgebaut sind, findet man meist nur ein sehr rudimentäres Betriebssystem. Dieses besteht aus einem fest gespeicherten Monitorprogramm. Mit diesem

5.5 Steuerprogramme und Systemfunktionen

Programm verkehrt man mittels einer Tastatur, die numerische und Funktionstasten enthält. Die Ausgabe besteht aus einer mehrstelligen 7-Segment-Anzeige. Damit können etwa die folgenden maschinennahen Funktionen ausgeübt werden:

- Anzeige des Inhalts einer Speicherzelle oder eines Registers (EXAMINE)
- Abspeichern eines Wertes (Adresse oder Daten) in ein Register oder eine Speicherzelle (DEPOSIT)
- Starten eines Benutzerprogramms (START)
- Schrittweises Abarbeiten eines Maschinenprogramms (SINGLE STEP)
- Unterbrechen eines laufenden Programms (Interrupt)

Eine merkbare Verbesserung ergibt sich, wenn der Monitor-Dialog über ein Schreibmaschinen- oder Bildschirmterminal geführt wird. Damit kann der Inhalt ganzer Speicherbereiche angezeigt oder ausgedruckt werden. Im Falle, wo das Terminal mit einem Lochstreifen-Leser/-Stanzer ausgerüstet ist, können auch Programme automatisch geladen und ausgestanzt werden. Das Vorhandensein eines Terminals und eines Permanentspeichers (Lochstreifen, Kassetten oder ähnliche) stellt die minimale Anforderung für die Entwicklung nichttrivialer Programme dar. Damit hat man die Möglichkeit, Hilfsprogramme wie Editor und Assembler einzulesen und Programme symbolisch in Assemblersprache schreiben und übersetzen zu können.

Stützt sich das Betriebssystem auf einen Massenspeicher als Hintergrundspeicher, so kann der Dialog erweitert und bequemer gemacht werden. Nur noch ein minimaler Teil des Betriebsprogramms muss sich dauernd im Arbeitsspeicher befinden, während der Rest auf dem Hintergrundspeicher ausgelagert ist und nur bei Bedarf hereingeholt wird.

Neben den schon in einfachen Monitorprogrammen verfügbaren Funktionen wie: EXAMINE, DEPOSIT, LOAD, START etc., ist der Systemdialog hauptsächlich durch den "RUN"-Befehl gekennzeichnet, der gestattet, ein Programm namentlich von einem beliebigen Gerät in den Arbeitsspeicher zu laden und zur Ausführung zu starten. Daneben gibt es noch andere zusätzliche Befehle, die mehrheitlich organisatorischen Charakter haben wie:

- Setzen und Lesen von Datums- und Zeitinformation (TIME, DATE)
- Ausgabe von Systemtabellen (z.B. angeschlossene Geräte, logische Gerätenamen)
- Zuweisung von symbolischen Namen zu physikalischen Geräten (ASSIGN)

- Manipulation von Gerätebedienungsprogrammen (Handlers, Drivers) (INSTALL, REMOVE)
- Anpassung an Betriebsbedingungen und Gerätekonfiguration bei: Fehlerbehandlung, Codeumschaltung bei E/A-Geräten, Geräteeigenschaften, Defaults setzen (SET)
- Steuerzeichen (control characters) zur Programm- oder Druckunterbrechung und Korrektur von Eingaben über das Konsolterminal

Alle Arbeitsprogramme (Dienst- und Hilfsprogramme) eines Betriebssystems arbeiten auf Files, d.h. sie erzeugen z.B. aus einem FORTRAN Programmfile ein Objektmodul oder drucken den Inhalt eines File von Disk auf einen Zeilendrucker. Wenn also ein solches Programm mit dem RUN Befehl geladen wird, muss diesem mitgeteilt werden, welche Files zu verarbeiten sind, allenfalls unter Angabe von Optionen, die die Programmausführung steuern (z.B. Einschluss von Testinformation, Ausführlichkeit eines Ausdruckes etc.).

Man kann nun den Monitor-Befehl (RUN program) und den Befehl an das gerufene Programm zusammenfassen, indem der Name des Programms als Befehlswort zusammen mit den Fileangaben und Optionen an den Monitor gegeben wird. Dadurch definiert man eine Sprache, die die Dialogführung auf höherer Ebene ermöglicht. Eine solche Steuersprache (CONTROL LANGUAGE) ist zwar vielfach bequemer zu benutzen. Durch die zunehmende Abstraktion und die implizit ausgelösten Funktionen kann sie aber auch die Einsicht in die Detailabläufe erschweren. So ist beim Befehl "PRINT CAL.FOR" dessen Wirkung offensichtlich: Dadurch wird das File CAL.FOR auf den Drucker ausgegeben. Beim Befehl "COMPILE CAL" hingegen ist nicht mehr ersichtlich, in welcher Sprache das im File CAL gespeicherte Programm geschrieben ist, wenn Compiler für mehrere Sprachen zur Verfügung stehen.

5.5.2 Die Speicherverwaltung

Bei vielen Programmen führt die Beschränkung des schnellen Arbeitsspeichers zu Problemen, die meist durch Ausweichen auf einen zwar vergleichsweise grossen aber dafür langsamen Hintergrundspeicher gelöst werden müssen. Wenn kein vom Rechner "manipulierbarer" Hintergrundspeicher vorhanden ist, muss man sich sich damit begnügen, den Speicher permanent, also für die ganze Laufzeit eines Programms in Bereiche für Daten, Programme und Puffer aufzuteilen. Dies ist auch eine angemessene Methode bei Betriebssystemen, wo nur ein einziges Programm aufs Mal laufen kann, wie dies bei vielen Mikro- und

5.5 Steuerprogramme und Systemfunktionen

Minirechnern üblich ist. Die Speicheraufteilung muss dann aber trotzdem nicht "von Hand" gemacht werden, sondern wird vom Uebersetzer (Assembler oder Compiler) und vom Binder (Linker) übernommen. Der Linker kann den Tabellen des Monitors entnehmen, welche Bereiche hardware- oder softwaremässig durch Monitor, Driver etc. permanent belegt sind, und dadurch den übrigen Programmteilen ihren Platz zuweisen.

Eine erste Massnahme zur verbesserten Speicherausnutzung besteht darin, Driver und Pufferbereiche erst dann und nur solange zu laden respektive zu belegen, wie sie auch gebraucht werden, so dass derselbe Speicherbereich nacheinander für verschiedene Ein/Ausgabe-Operationen benützt werden kann.

Eine weitere Methode besteht darin, Monitorfunktionen, die nur selten gebraucht werden, vorübergehend anstelle eines nicht aktiven Programmstückes zu laden. Der entsprechende Programmteil muss währenddessen auf den Hintergrundspeicher ausgelagert werden.

Etwas ähnliches, aber auf Benutzerebene, erreicht man durch die Overlaytechnik. Hier muss der Benutzer dem Linker angeben, welche Programmteile er nicht gleichzeitig braucht, und die demnach den gleichen Platz im Arbeitsspeicher verwenden können. Die einzelnen Programmteile werden nach Bedarf von einem Hintergrundspeicher zugeladen.

Weitergehende Probleme der Speicherzuweisung entstehen in den folgenden Fällen:

a) Ein laufendes Programm erzeugt dynamisch neue Daten (z.B. PASCAL NEW-Prozedur).

b) Ein Programm benötigt mehr Platz als im Arbeitsspeicher verfügbar ist.

c) Es sollen mehrere Programme in den Arbeitsspeicher geladen werden, die simultan arbeiten und bei Beendigung durch ein anderes ersetzt werden.

Zusätzlich entsteht dabei das Problem, die verschiedenen Programme gegen unbeabsichtigte "Uebergriffe" zu schützen. Im Falle a) kann das Betriebssystem freien Platz zuweisen, solange solcher vorhanden ist. Bei b) wäre es überhaupt unmöglich, mit einer direkten Adressierung das Programm auszuführen. Der Fall c) würde bedingen, dass der Programmierer die Grösse und Lage aller Programme aufeinander abstimmen muss, was etwa beim Mehrprogramm-Stapelbetrieb unmöglich wäre, da ja die einzelnen Programme von unabhängigen Benützern stammen.

5. Betriebssysteme: Aufbau und Funktionen

Das Mittel, um aus diesem Dilemma herauszukommen, ist die virtuelle Adressierung. Das Programm wird dabei so geschrieben, übersetzt und gebunden, als ob ein zusammenhängender genügend grosser Arbeitsspeicher vorhanden wäre. Durch eine einfache Transformation der virtuellen Adresse wird nun eine Abbildung auf den beschränkten ev. sogar diskontinuierlichen physikalischen Adressraum gemacht. Da eine solche Transformation bei jedem Speicherzugriff auftritt, muss sie sehr rasch vor sich gehen. Der Zeitbedarf liegt in der Grössenordnung von 100 Nanosekunden. Die entsprechende Einrichtung nennt man beim Prozessrechner PDP-11 Memory Management. Dazu teilt man den Arbeitsspeicher in Seiten (Pages) auf. Die Startadresse jeder Seite wird in ein Seitenadressregister geschrieben. Ein oder mehrere Sätze solcher Register werden nun wie folgt zur Adressierung verwendet: Man interpretiert einen Teil der virtuellen Adresse als die Nummer eines Seitenadressenregisters und addiert zum Inhalt den zweiten Teil der virtuellen Adresse (Offset) innerhalb der ausgewählten Seite nach dem Schema von Bild 5.1.

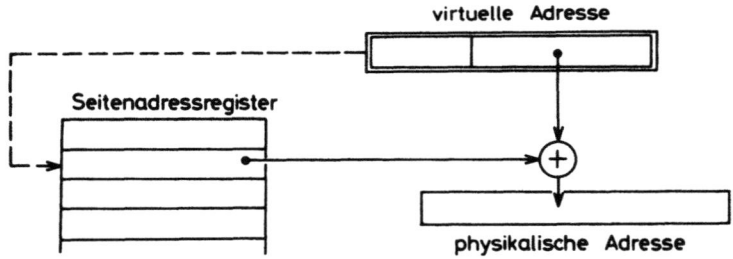

Bild 5.1 Virtuelle Adressierung

Neben dem Adressierungsmechanismus sind damit auch Grössenangaben, Schutzmechanismen, Zugriffsrechte und Benützungskontrolle verbunden.

Die virtuelle Adressierung kann auf zwei Arten gebraucht werden: Einerseits kann man einen grossen virtuellen Adressraum auf einen kleineren physikalischen abbilden (VAX,IBM/370), anderseits auch umgekehrt einen kleinen virtuellen auf einen grösseren physikalischen, wie das bei Rechnern mit kürzeren Wortlängen typisch ist (z.B. PDP-11).

Die virtuelle Adressierung ermöglicht auch, den Arbeitsspeicher in mehrere unabhängige Bereiche aufzuteilen. Diese können verschiedenen Programmen zugeteilt werden, ohne dass der Programmierer sich um die

5.5 Steuerprogramme und Systemfunktionen

konkrete Aufteilung kümmern muss. Der zugewiesene Platz für ein Programm kann (Fall a) während der Laufzeit angepasst werden, indem eine Seite vergrössert, oder eine neue dazugenommen wird. Beim Mehrprogrammbetrieb stellt sich das Problem, fortlaufend neue Programme zuzuladen, wobei zwar genügend Platz vorhanden, dieser aber physikalisch im Speicher zerstreut ist. Das Betriebssystem muss nun das Programm auf die freien Speicherbereiche aufteilen, indem die Seitenadressregister entsprechend gesetzt werden.

Wenn der physikalische Speicher voll ist, was in allen drei Fällen vorkommen kann, so kann ev. gewartet werden, bis ein Programm zu Ende gelaufen ist und danach genügend Platz frei wird. Bei vollem Speicher kann man weitergehen und Seiten, die momentan nicht gebraucht werden, auf den Hintergrundspeicher auslagern (Speichermultiplex). Das Verfahren, nach dem man Platz schafft, heisst Seitenwechselalgorithmus. Der damit verbundene Transfer braucht vergleichsweise viel Zeit. Deshalb muss darauf geachtet werden, dass unveränderte Speicherseiten gar nicht erst auf den Hintergrundspeicher zurückgeschrieben werden. Vor allem sollte nicht eine Seite ausgelagert werden, die unmittelbar nachher wieder gebraucht wird, sonst entsteht ein sogenanntes "Seitenflattern". Als Kandidaten für den Austausch kann man etwa die "älteste" oder die am längsten nicht gebrauchte Seite auswählen. Es leuchtet ein, dass dabei die Seitengrösse immer gleich und auch auf die Blockgrösse des Hintergrundspeichers abgestimmt sein muss.

5.5.3 Das Laden von ausführbaren Programmen

Ausführbare Programme können in verschiedener Form zur späteren Verwendung abgelegt werden. Die einfachste und rascheste Methode besteht darin, sie so wie sie bei der Ausführung im Arbeitsspeicher stehen auf einen externen Datenspeicher abzulegen. Bei Mikrorechnern kann das ein ROM, eine digitale Bandkassette, ein Lochstreifen oder eine Floppy Disk sein. Dazu benötigt man Angaben über die Grösse sowie zwei Adressen: Die niedrigste Adresse des Programms und die Startadresse, falls sie nicht fest ist. Bei einer solchen 1:1 Kopie in binärer Form wird das Ladeprogramm sehr einfach und klein, jedoch können so keine allfälligen Uebertragungsfehler erkannt werden.

Zur Erhöhung der Sicherheit muss dem Programm noch Prüfinformation hinzugefügt werden, die das Ladeprogramm beim Einlesen auswertet. Dies kompliziert das Ladeprogramm, erlaubt aber die Verwendung von weniger zuverlässigen Medien wie Lochstreifen und Kassetten. Bei

Mikrorechnern ist es zudem üblich, ausführbare Programme nicht rein binär, sondern jede Hexadezimalstelle (4 Bit) als 8-Bit-ASCII-Zeichen verschlüsselt auf externen Medien zu speichern und mit einer Prüfinformation zu versehen. Dies hat den Vorteil, dass selbst ein ausführbares Programm druckbar wird. Jedoch nimmt es dadurch mehr als doppelt soviel Platz in Anspruch.

Wenn man grössere nicht initialisierte Datenbereiche in einem Programm hat, so müssen diese nicht mit dem übrigen Programm gespeichert und von einem unter Umständen langsamen Gerät eingelesen werden. Man speichert vielmehr für jeden zusammenhängenden Teil die Adresse der ersten Speicherstelle und dessen Länge.

Ein weiteres Problem ergibt sich, wenn beim Erstellen des Programms offengelassen wurde, in welchem Speicherbereich das Programm laufen wird, wobei sich alle Adressangaben auf die Basisadresse des Programmmoduls beziehen. Hier besteht das Laden eines ausführbaren Programms nun nicht mehr allein aus dem Kopieren vom externen Medium in den Arbeitsspeicher, sondern es müssen im allgemeinen noch Adressberechnungen gemacht, der Code also reloziert (verschoben) werden. Verfügt der Rechner über die Möglichkeit der relativen Adressierung, so kann dieses Problem umgangen werden.

Wenn ein Programmmodul so geschrieben ist, dass es ohne Aenderung an einer beliebigen Stelle des Arbeitsspeichers laufen kann, so nennt man dies positionsunabhängig (POSITION INDEPENDENT). Bei einem Mikrorechner könnte das bedeuten, dass man ein Programm auf ein ROM überträgt und dieses nun in einen beliebigen ROM-Sockel gesteckt werden kann, ohne dass sich am Resultat der Berechnungen etwas ändert.

5.5.4 Die Ablaufsteuerung (SCHEDULING)

Vereinfacht gesagt, geht es bei der Ablaufsteuerung (SCHEDULING, DISPATCHING) darum, wie das Programm, das jeweils als nächstes zur Ausführung gelangen soll, bestimmt wird. Bei Mikrorechnern und vielen Minicomputern ist der Einzelprogrammbetrieb (SINGLE JOB oder SINGLE TASK) die normale Arbeitsweise. Entweder steuert der Benutzer bei interaktivem Betrieb den Ablauf direkt durch Befehle, die er über das Konsolterminal eingibt, oder es besteht die Möglichkeit, die Kontrolle an ein Stapelverarbeitungsprogramm (Batchprozessor) zu übergeben, das eine Kette von Aufträgen nach einer einfachen FIRST-IN-FIRST-OUT Strategie abarbeitet. Dabei wird ein neuer Auftrag erst

5.5 Steuerprogramme und Systemfunktionen

in Angriff genommen, wenn der vorhergehende beendet ist. Die Aufträge werden also rein sequentiell ausgeführt. Diese Betriebsart wird hier sequentieller Batch-Betrieb genannt.

Der Einzelprogramm-Betrieb ist zwar nicht sehr wirtschaftlich, was die Rechnerausnutzung betrifft, aber für Mikro- und Mini-Computer meist akzeptabel. Einerseits sind kleinere Rechnersysteme allgemein recht billig, anderseits verfügen sie auch meist nur über beschränkte Speicherkapazität und Geschwindigkeit, so dass man sich einen Mehrprogrammbetrieb mit dem zusätzlichen Verwaltungsaufwand und Speicherbedarf nicht leisten kann.

Beim Mehrprogrammbetrieb (MULTIPROGRAMMING oder MULTITASKING) stellen sich eine Reihe von Problemen, je nach dem Ziel, das für das Rechnersystem gesetzt wird:

- Eine maximale Ausnutzung aller Rechnerkomponenten führt zum Mehrprogramm-Batch (Stapel) - Betrieb im offline Modus.

- Ein interaktives System mit minimaler Reaktionszeit für mehrere gleichzeitige Benutzer kann durch die TIME SHARING-Arbeitsweise realisiert werden.

- Eine minimale Reaktionszeit auf interne und externe Ereignisse wird bei REAL TIME Systemen angestrebt.

Bei der Mehrprogramm-Stapelverarbeitung, wie sie bei Grossrechenzentren üblich ist, wird eine bestimmte Zahl von unabhängigen Programmen quasi gleichzeitig abgearbeitet werden (paralleler Batch-Betrieb). Ein Programm läuft solange, bis es auf die Beendigung einer Ein/Ausgabeoperation warten muss. Dann wird in zyklischer Folge das nächste Programm begonnen oder weitergeführt. Statistisch ergibt sich dadurch ein höherer Ausnutzungsgrad der Rechnerkomponenten wie Zentraleinheit (CPU), Drucker, Platten etc. Wenn ein Programm beendet ist, sucht man sich aus der Schlange der wartenden Aufträge (Jobs) denjenigen mit der höchsten Priorität aus. Die Priorität wird bestimmt aus der geschätzten Grösse (Rechenzeit, Speicherbedarf) und der Dauer, die der Job schon gewartet hat. Damit erreicht man, dass nicht viele kleine Aufträge wegen eines grossen übermässig verzögert werden und dadurch die mittlere Antwortzeit ansteigt.

Das Bestreben bei TIME SHARING Systemen besteht darin, dem Benutzer, der direkt mit dem Rechner über ein Terminal kommmuniziert, den Eindruck zu geben, dass er über einen eigenen Rechner verfügt. Dies erreicht man dadurch, dass man jedem Benützer den Rechner, falls er ihn braucht, für einen kurzen Zeitabschnitt (TIME SLICE) zuteilt. Man schaltet also zyklisch in festen Intervallen auf das nächste Programm um. Dies ist zwar vom Rechnerbetrieb her gesehen weniger wirtschaftlich als der Stapelbetrieb, für den Benutzer aber wesentlich angenehmer, da er kurzfristig Entscheidungen treffen kann, z.B. ein Programm bei der Ausführung abzubrechen. Je nach Anwendung kann der Time-Sharing-Betrieb deshalb trotzdem kostengünstiger sein.

Die Zielsetzung beim Echtzeitbetrieb (REAL TIME) besteht darin, dass externe Ereignisse wie z.B. das Schliessen eines Schalters oder das Ueberschreiten eines Zeitpunktes vom Rechner erkannt werden sollen und dadurch die Ausführung eines Bedienungsprogramms gestartet wird. Wesentlich ist dabei, dass spätestens nach einer von der Art des Ereignisses abhängigen Zeit der Rechner auf das Ereignis reagiert. Ein anderes Merkmal des Echtzeitbetriebes besteht darin, dass zwischen den Programmen häufig Abhängigkeiten bestehen, indem Daten ausgetauscht werden oder ein Programm selbständig ein anderes startet oder auf die Beendigung eines andern wartet. Ferner können Programme durch die Ablaufsteuerung zyklisch ausgeführt werden, so dass sie quasi beliebig lange in der Warteschlange bleiben, oder sie können zur Ausführung zu einem bestimmten Zeitpunkt vorgemerkt werden. Die Auswahl des nächsten auszuführenden Programms geschieht auf Grund der Priorität unter den Kandidaten. Diese wird bei der Erstellung festgelegt und dynamisch angepasst, um zu verhindern, dass ein Programm höherer Priorität den Rechner dauernd belegt. Immer dann, wenn ein markantes Ereignis eintritt, prüft das Ablaufsteuerprogramm (Scheduler), ob auf ein anderes Programm umgeschaltet werden soll (CONTEXT SWITCHING). Solche Ereignisse sind zum Beispiel: Beginn oder Ende einer E/A-Operation, ein externes Unterbrechungssignal von einem industriellen Prozess oder angeschlossenen Gerät, ein softwaremässig erzeugtes "Ereignis" (EVENT FLAG setzen), Ueberschreiten eines bestimmten Zeitpunktes (periodisch oder einmalig).

Anders als beim parallelen Batch-Betrieb, wo man im allgemeinen eine feste Anzahl Programme quasi-gleichzeitig bearbeitet, ist die Anzahl Programme, die vom Scheduler bedient werden, durch das Problem gegeben. Diese unterliegen zusätzlich zeitlichen Bedingungen für die Ausführung. Man muss demnach dafür sorgen, dass die Programme mit kurzer Antwort/Reaktionszeit im Arbeitsspeicher immer verfügbar sind (MEMORY RESIDENT). Zudem müssen solche Programme so klein wie möglich gehalten werden, damit der Speicher nicht dauernd belegt ist. Die übrigen Programme können, wenn sie nicht aktiv sind, auf einen Hintergrundspeicher ausgelagert und nach Bedarf zurückgeholt werden.

5.5 Steuerprogramme und Systemfunktionen

5.5.5 Fehlersuchhilfen (DEBUGGING)

Fehlersuchhilfen können auf verschiedenen Stufen eingebaut werden. Ein Rechner kann mit zusätzlichen Registern die Ueberschreitung eines Adressbereiches feststellen. Die Zentraleinheit kann in einen Zustand geschaltet werden, der die schrittweise Abarbeitung eines Programms ermöglicht. Das Rechenwerk kann Fehler detektieren, die bei mathematischen Operationen zur Ausführungszeit entstehen (klassisch: Division durch Null, Bereichsüberschreitung). Fehler dieser Art, sogenannte Exceptions, werden meist vom Monitorprogramm abgefangen und an den Operator über die Systemkonsole oder an das RUN TIME System einer Programmiersprache weitergeleitet.

Als elementare Testhilfe erlaubt ein Monitorprogramm meist auch den Inhalt von Speicherzellen abzulesen oder zu verändern oder den Inhalt ganzer Speicherbereiche auszudrucken. Dies ist zwar für die Assemblerprogrammierung recht hilfreich, bei höheren Programmiersprachen aber nur noch von beschränktem Nutzen.

5.5.6 Filemanipulationen (FILE HANDLING)

Die Art und Weise wie ein Betriebssystem Daten (auch Programme sind Daten!) auf einem externen Medium ablegt, ist typisch für dieses. Da sich auf einem Medium (Platte, Band etc.) im allgemeinen mehrere Dateien (Files) befinden können, ist es vorteilhaft, ein Verzeichnis (DIRECTORY) mit Einträgen für jedes File auf demselben Medium zu erstellen. Dies erlaubt, die Daten einfach und schnell aufzufinden und eine Angabe über die Belegung des Mediums zu bekommen. Bei der Manipulation einer Datei kann man die folgenden Grundoperationen unterscheiden:

- File kreieren/öffnen   OPEN/ENTER
- Datensatz lesen/schreiben   READ/WRITE
- File Eintrag suchen   LOOKUP
- File abschliessen   CLOSE
- File auf Anfang positionieren   RESET
- File verlängern   EXTEND

5.5.7 Die Verwaltung von Systemtabellen

Jede Organisation und Verwaltung beruht im wesentlichen auf Listenbearbeitung. Eine Faktura oder ein Kassenbuch ist nichts anderes als eine lineare Liste. Das Organigramm einer Firma wird durch eine Liste

in Baumstruktur dargestellt. Auch in einem Rechnersystem haben Listen in den verschiedensten Formen eine zentrale Stellung und deren Bearbeitung stellt eine wesentliche Aufgabe der Systemprogrammierung dar. Als typische Beispiele können genannt werden:
- Das Verzeichnis aller legalen Monitorbefehle.
Da diese Tabelle fest ist, kann sie sortiert und mit einem schnelleren Verfahren abgesucht werden.

- Die Tabelle der logischen Gerätenamen.
Ein FORTRAN Programmierer ist sich gewohnt, Ein/Ausgabe-Geräte nicht explizit anzusprechen, sondern ihnen Nummern zu geben. Der Monitor muss nun eine Tabelle unterhalten, die gestattet, auf Grund der Nummer das anzusprechende physikalische Gerät zu bestimmen. So soll beispielsweise der Zeilendrucker die Nummer 6 und das Terminal die Nummer 7 haben. Dieses Prinzip lässt sich dahingehend erweitern, dass die Geräte nicht lediglich eine Zahl, sondern einen kurzen Namen zugewiesen bekommen z.B. 'LST' für den Zeilendrucker, 'SCR' für eine Magnetplatte, der auch noch etwas über seine logische oder physikalische Funktion aussagt. Diese Liste, die sogenannte DEVICE ASSIGNEMENT TABLE kann per Programm oder mit einem Monitor-Befehl modifiziert werden, um den wechselnden Bedürfnissen zu genügen. Im Mehrprogrammbetrieb muss der Monitor für jedes Programm eine individuelle Liste unterhalten.

Wesentlich aufwendiger zu verwalten sind verkettete Listen, wie sie bei der Behandlung von Warteschlangen auftreten, da diese dauernd die Länge und Ordnung ändern. Diese Probleme sollen hier jedoch nicht weiter ausgeführt werden.

5.5.8 Die Betriebsmittelverwaltung

Als Betriebsmittel (RESOURCES) bezeichnet man alle Teile einer Rechenanlage wie Zentraleinheit (CPU), Speicher, Peripheriegeräte, die mehr oder weniger selbständig und dadurch parallel arbeiten können. Wenn in einer Rechenanlage mehrere Programme laufen, die unter Umständen gleichzeitig auf dieselben Betriebsmittel zugreifen wollen, so müssen diese zentral durch den Monitor verwaltet werden. Es gibt nun grundsätzlich zwei Arten von Betriebsmitteln, nämlich solche, die mehreren Programmen unter Abstimmung quasi gleichzeitig zur Verfügung stehen können, sog. (SHAREABLE RESOURCES), und solche, die für die ganze Dauer eines Auftrages einem einzigen Programm zugeordnet werden

5.5 Steuerprogramme und Systemfunktionen

müssen (NONSHAREABLE RESOURCES). Zur ersten Kategorie gehören vor allem Magnetplatten und Trommeln, sowie der Arbeitsspeicher, wenn er entsprechend aufgebaut ist (virtuelle Adressierung); zur zweiten Kategorie Drucker und (sequentielle) Magnetbänder.

Es ist leicht einzusehen, dass z.B. eine Ausgabe auf den Zeilendrucker abgeschlossen werden muss, bevor ihn ein anderes Programm benützt. Hingegen können verschiedene Programme quasi-gleichzeitig auf eine Magnetplatte zugreifen, ohne dass die Informationen durcheinander geraten.

Bei den mehrfach benützbaren Betriebsmitteln wird ferner noch unterschieden, ob sie unterbrechbar sind oder nicht. Beim Lesen einer Magnetplatte werden Daten blockweise direkt in den Speicher übertragen. Es ist nun nicht möglich, ohne Informationsverlust die Operation zu unterbrechen, es sei denn, man würde sie wiederholen, wie dies beim Auftreten eines Fehlers gemacht wird. Im allgemeinen können nur die Zentraleinheit und der Arbeitsspeicher frei im Betrieb unterbrochen werden, um eine neue Zuteilung zu machen. Die Hauptgefahr bei der Betriebsmittelzuteilung ist die, dass zwei oder mehr Programme auf ein Ereignis warten, das nie eintritt. Dadurch entsteht eine sogenannte Verklemmung (DEADLOCK). Die wahrscheinlich trivialste Deadlock-Situation entstünde im täglichen Leben, wenn ein Verkäufer seine Ware dem Kunden erst übergibt, nachdem er den Kaufpreis erhalten hat, der Käufer hingegen erst dann bezahlt, wenn er die Ware erhalten hat. Man nennt dies "Warten-im-Kreis", eine Situation die beim Mehrprogrammbetrieb durchaus auftreten kann.

Am Beispiel eines Druckers als nicht teilbares Betriebsmittel soll erläutert werden, wie solche Geräte effizient im Mehrprogrammbetrieb benützt werden können. Der Begriff, der für diesen konkreten Fall gewählt wurde, heisst Spooling. Das Problem beim Zeilendrucker ist nicht nur, dass er unteilbar ist, sondern auch noch seine vergleichsweise geringe Geschwindigkeit. Das Geschwindigkeitsproblem hat man früher so gelöst, dass man nicht auf den Zeilendrucker, sondern auf ein Magnetband schrieb, was die Ausgabe wesentlich beschleunigte. Das Magnetband wurde dann auf einer kleinen separaten Anlage gedruckt, während der Hauptrechner ein neues Magnetband beschrieb. Geht man nun weiter und ersetzt das Magnetband durch eine Platte, so können verschiedene Programme alternierend ihre Daten darauf schreiben. Ein anderes separates Programm, der Spooler, hat nun die Aufgabe, periodisch zu prüfen, ob ein druckfertiges File da ist, das er dann auf den Drucker überträgt.

Mit dieser Methode muss ein Programm den Drucker bzw. das Ausgabeband nicht mehr ausschliesslich belegen. Allerdings ist auch hier wieder die Gefahr eines Deadlock versteckt: Ist die Platte voll und keines der Files abgeschlossen, so beginnt der Spooler nie mit dem Ausdrucken, um Platz zu schaffen, und kein Programm kann mehr weiterfahren, das drucken möchte. Eine Lösung bestünde darin, dass der Spooler ausnahmsweise ein noch nicht abgeschlossenes File zu drucken beginnen würde und somit das entsprechende Programm zu Ende laufen könnte. Fasst das Zwischenspeichermedium aber ein Vielfaches dessen, was ein Programm normalerweise an Druckdaten erzeugt, so ist diese Gefahr nicht allzu gross.

5.5.9 Die Ein/Ausgabe - Steuerung

Die Ein/Ausgabe ist für den Anwendungsprogrammierer etwas vom Schwierigsten und wird gleichzeitig so oft gebraucht, dass es naheliegend ist, diese ins Betriebssystem einzubauen. Dem Benutzer stellt sich immer die Aufgabe, binär gespeicherte Daten, allenfalls in druckbare Form aufbereitet, auf ein geeignetes Medium zu übertragen und umgekehrt. Nun haben aber die verschiedenen Geräte unterschiedliche Eigenschaften und insbesondere auch verschiedenes dynamisches Verhalten. Mit den Problemen, die dabei entstehen, sollte man aber den Benutzer nicht belasten. Dazu teilt man das Problem in eine logische und eine physikalische Ebene auf. Der Benutzer ruft in einer einheitlichen Form eine Monitorroutine (READ-WRITE Prozedur) auf. Der Monitor seinerseits ruft das dem effektiv benützten Gerät zugeordnete Bedienungsprogramm (DRIVER,HANDLER) auf, das den eigentlichen Transfer ausführt. Solche Treiberprogramme sind wieder nach einheitlichen Regeln aufgebaut und ermöglichen die einfache Ersetzung eines Gerätes durch ein anderes, ohne dass das Benutzerprogramm geändert werden muss. Treiberprogramme werden üblicherweise nur bei Bedarf dynamisch zugeladen.

5.5.10 Hilfsfunktionen

Manche Aufgaben kommen beim Betrieb eines Rechners vor, die sich auch dem Benutzer stellen. Es ist demnach sinnvoll, solche Dienstprogramme auch dem Benutzer zugänglich zu machen. Aufrufe an solche Programme, die Teil des Monitors sind, werden etwa MONITOR REQUESTs oder SUPERVISOR CALLS genannt. Darunter finden sich z.B. Dienstleistungen wie:

5.5 Steuerprogramme und Systemfunktionen

- Konversion der internen Darstellung der Uhrzeit oder des Datums in eine Zeichenkette (STRING).
- Packen von alphanumerischer Information für Filenamen
- Zahlenkonversion : Dezimal <-> Hexadezimal , Binär <-> ASCII-String etc.
- Drucken einer Meldung auf dem Konsolterminal

5.5.11 Systemüberwachung

Bei modernen Rechnern sind Mechanismen eingebaut, die erlauben, gewisse Fehler zu detektieren, nämlich:

- Ansprechen einer nicht existierenden Speicherzelle (NONEXISTENT MEMORY)
- Ueberschreiten des zulässigen Adressbereiches (MEMORY PROTECTION VIOLATION)
- Stapelüberlauf (STACK OVERFLOW)
- Rechenfehler (OVERFLOW, UNDERFLOW, DIVISION by ZERO)
- Stromausfall (POWER FAIL)
- illegaler Befehl (ILLEGAL INSTRUCTION)
- erfolglose oder fehlerhafte Operationen bei Peripheriegeräten

Diese Ereignisse bewirken einen Unterbruch des laufenden Programms und es wird automatisch (z.B. durch den sogenannten TRAP-Mechanismus) eine Monitorroutine aufgerufen, die den Fehler behandelt, d.h. diesen meldet und je nach Art des Fehlers:

- registriert
- ignoriert
- zu beheben versucht
- die Kontrolle wieder dem Benutzerprogramm übergibt
- das verursachende Programm abbricht.

5.6 Arbeits- und Dienstprogramme

5.6.1 Kopierroutinen

Eine der häufigsten Operationen beim Betrieb eines Rechners besteht im Kopieren eines File von einem Peripheriegerät zum andern. Man findet deshalb in fortgeschrittenen Betriebssystemen für diese Aufgabe fertige Programme. Zumeist besteht eine Kopieroperation nicht nur in einem reinen Datentransfer.

- Einmal müssen die Files auf einem Peripheriegerät entsprechend der Fileorganisation gesucht, gelesen und geschrieben werden.
- Zum andern werden Daten und Programme normalerweise nicht "tel quel" abgespeichert, sondern zusammen mit Formatangaben und Kontrollinformationen, die beim Lesen überprüft werden.
- Wenn die Information - wie dies normalerweise der Fall ist - keine ganze Anzahl physikalischer Blöcke auf einem Massenspeichermedium füllt, muss der letzte Block mit geeigneter "Leerinformation" aufgefüllt werden.
- Es muss festgehalten werden, was passiert, wenn ein File beim Kopieren überschrieben würde: überschreiben, warnen oder explizite Bestätigung verlangen.

Erweiterte Komfortfunktionen erlauben dazu noch etwa:

- das selektive Uebertragen von Files mit Bestätigung.
- die Behandlung nach dem Kriterium des Erschaffungsdatums (CREATION DATE).
- die Möglichkeit, mehrere Files zu einem einzigen zu kombinieren.
- das Ignorieren von Lesefehlern, um ein schadhaftes File zu retten.
- das Erzeugen von mehreren Kopien auf einem druckenden Gerät mit einem einzigen Befehl.
- zu Verhindern, dass ein File desselben Namens überschrieben wird.

Ein leidiges Problem stellt das Kopieren eines File zwischen zwei Rechnern dar, wenn sie entweder verschiedenen sind oder unter verschiedenen Betriebssystemen laufen. Wie im Abschnitt über die Fileorganisation erläutert wurde, wird man je nach Zielsetzung eines Betriebssystems eine andere Organisationsform wählen. Deswegen benötigt man für das Lesen systemfremder Files üblicherweise ein spezielles Konversionsprogramm.

5.6.2 Editoren

Lange Zeit war es allgemein üblich, Quellprogramme und Eingabedaten auf Karten abzulochen. Diese Art, ein Programm in computerlesbare Form zu bringen, hat verschiedene Vorteile. Die Rechenanlage wird nicht mit der Speicherung der einzelnen Benutzerprogramme belastet. Aenderungen sind leicht anzubringen; der Rechner wird nicht dazu

5.6 Arbeits- und Dienstprogramme

gebraucht. Ein Lochkartenstapel ist durch die Beschriftung nicht nur durch die Maschine sondern auch vom Menschen ohne Hilfsmittel lesbar. Die Umständlichkeit bei der Handhabung und die allgemeine Verbilligung der Rechnerhardware haben aber dazu geführt, dass immer mehr auch der Rechner zum Schreiben und Aendern von Programmen und Texten allgemein eingesetzt wird. Dazu bietet der Hersteller als Teil der Systemsoftware ein oder mehrere EDITOR-Programme an.

Das Problem beim Edieren eines Textfiles besteht darin, dass man auf einem Peripheriegerät (Disk etc.) zwar notfalls Information durch Ueberschreiben ungültig machen, aber keinesfalls zusätzliche Information zwischen bereits bestehende einfügen kann. Bei jeder Aenderung eines bestehenden Textfiles muss deshalb das ursprüngliche File erst zeilen- oder blockweise in einen dynamischen Puffer im Arbeitsspeicher gelesen werden, wo genügend Platz für zusätzlichen Text besteht. Nach einer allfälligen Aenderung muss der Inhalt des Puffers dann auf ein neues File kopiert werden. Weiter folgt daraus, dass ein Textpuffer, der einmal auf das neue File geschrieben wurde, nicht mehr zurückgeholt werden kann, man sich mithin also nur vorwärts durch ein File "bewegen" kann.

Ein Standard-Editor verfügt etwa über die folgenden Befehlskategorien:

- Filebezeichnung (altes/neues File)
- Ediervorgang abschliessen (Exit)
- Suchbefehle (Search)
- List-Befehle zum Ausdrucken des Pufferinhalts
- Ersetzungsbefehle (Substitute,Replace)
- Löschbefehle (Kill,Delete)
- Einfügebefehl (Insert)

Die Befehle werden meist durch einen oder zwei Buchstaben abgekürzt, damit man sie rasch eintippen kann. Sie sind aber dadurch nicht immer leicht zu merken. Bei einfachen Editoren enthält der Puffer meist nur gerade eine einzige Zeile. Wenn ein ganzer Abschnitt (Page) im Arbeitspuffer zugreifbar ist, ist dies in den meisten Fällen vorteilhaft, da man sich dann zumindest innerhalb des Puffers auch rückwärts "bewegen" kann. Die aktuelle Position im Puffer wird durch einen Zeiger bezeichnet, der durch Befehle wie "B" für "Bottom", oder "N" für "Next line" verschoben werden kann. Wenn der Zeiger nur zeilenweise verschoben werden kann, so spricht man von einem zeilenorientierten Editor. Kann man ihn an eine beliebige Stelle innerhalb des Puffers versetzen, also zwischen zwei beliebige Zeichen, so handelt es sich um einen zeichenorientierten Editor. Dazu gehören dann selbstverständlich Befehle, die es ermöglichen, den Zeiger auch zeichenweise zu verschieben.

Für das systematische Edieren muss man häufig dieselbe Befehlsfolge mehrfach eintippen. Um sich das zu ersparen, gibt es im allgemeinen die Möglichkeit, Befehlssequenzen zu klammern und durch Angabe eines Wiederholungsfaktors mehrfach auszuführen. Möchte man eine Befehlsfolge speichern, so ist das vielfach ebenfalls möglich, indem man einen Makrobefehl definiert, der dann durch einen einzigen Befehl ausgeführt werden kann. Eine recht häufige Edieraufgabe besteht darin, ein Text- oder Programmstück zu verschieben. Dies kann man bei fortgeschrittenen Editoren über einen Hilfspuffer machen. Editoren können auch zu eigentlichen Sprachen zur Textbearbeitung ausgebaut sein. Eine solche Sprache, die über arithmetische Anweisungen, Vergleichs-, Wiederholungs- und (bedingte) Sprunganweisungen verfügt, ist z.B. der TECO-Editor auf den PDP-11, VAX und PDP-10 Rechnern.

Mit zunehmender Verbreitung der Bildschirmterminals macht man sich beim Edieren auch die besonderen Möglichkeiten derselben zunutze in Form von sogenannten FULL SCREEN Editoren. Man stellt dazu einen Ausschnitt des bearbeiteten Textes auf dem Schirm dar. Das Blinkersymbol des Terminals zeigt dabei die aktuelle Position im Puffer, auf die sich alle Befehle beziehen. Insbesondere werden die eingegebenen Zeichen an der Stelle des Blinkersymbols in den Textpuffer eingefügt und die dadurch entstehende Aenderung im Puffer unmittelbar angezeigt. Gewisse Steuerzeichen und zusätzliche Funktionstasten werden nun vom Editor als Befehle interpretiert. Durch die Anschaulichkeit und Beschleunigung bei der Befehlseingabe erhöht sich der Benutzerkomfort wie auch die Sicherheit ganz wesentlich gegenüber gewöhnlichen Editoren, bei denen man eine gewisse Vorstellungskraft für die dabei unsichtbar ablaufenden Vorgänge braucht.

5.6.3 Assembler, Compiler, Interpreter

Assembler, Compiler und Interpreter wurden bereits in Kapitel 3 und 4 vorgestellt. Zu jedem Betriebssystem, das auch der Programmentwicklung dient, gehört mindestens ein Assembler-, Compiler- oder Interpreterprogramm, das auf die übrigen Systemkomponenten abgestimmt ist.

5.6 Arbeits- und Dienstprogramme

Ein Compiler generiert zum Beispiel nicht den gesamten Code, der bei der Ausführung eines Programms benötigt wird. Allgemeine Funktionen, wie z.B. Datenformatierung und -konversion oder mathematische Funktionsberechnungen werden einer zugehörigen Programmbibliothek entnommen, die man als RUN TIME System der entsprechenden Sprache bezeichnet. Für alle Funktionen, die im Betriebssystem enthalten oder in einer speziellen Systembibliothek gesammelt sind, fügt er lediglich Aufrufe ein. Dies trifft insbesondere für Filemanipulationen und Ein/Ausgabe zu.

5.6.4 Binde- und Ladeprogramme

Bei der Erstellung von Assemblerprogrammen hat man prinzipiell zwei Möglichkeiten für die Bestimmung des Adressbereichs, in dem das Programm laufen soll:

Man definiert die Anfangsadresse durch eine organisatorische Anweisung (z.B. .LOC) und der Assembler berechnet sich davon ausgehend die Adressreferenzen aufgrund des Speicherbedarfs für die folgenden Befehle und Daten. Der erzeugte Code kann dann nur an dem dafür vorgesehenen Speicherplatz korrekt laufen. Dabei muss man in Kauf nehmen, dass praktisch das ganze Programm zusammen erstellt und übersetzt werden muss. Andernfalls muss der Programmierer zum vornherein einen Speicherbelegungsplan machen. Denn verschiebt sich z.B. eine Einsprungstelle oder die Adresse von Daten, auf die auch von einem andern unabhängig übersetzten Programmteil Bezug genommen wird, so muss jedesmal auch dieses geändert werden. Genügt der für ein Teilprogramm vorgesehene Speicherbereich nicht, so muss mindestens der angrenzende Programmteil verschoben, also neu übersetzt werden, mit den allfälligen Konsequenzen, wie sie oben schon erwähnt wurden. Diese Art der Codeerzeugung ist also nur dann angebracht, wenn man kleinere in sich abgeschlossene Assemblerprogramme erstellt, die, nachdem sie ausgeprüft sind, in einem ROM-Speicher untergebracht werden.

Um die oben erwähnten Probleme zu umgehen, legt man beim Uebersetzen noch nicht fest, in welchem Adressbereich das Programm schliesslich laufen wird, sondern bezieht alle nicht absolut definierten Adressen auf die erste des Programms und beginnt bei der Zählung jeweils mit Null. Einen solchen Code bezeichnet man als verschiebbaren Objektcode, der nun aber nicht mehr unmittelbar ausführbar ist. Die Generierung von ausführbarem Code übernimmt ein separates Programm, der Binder (LINKER), auch LINKAGE EDITOR genannt. In älteren Rechnern

5. Betriebssysteme: Aufbau und Funktionen

wurde das fertige Programm jeweils gerade in den Arbeitsspeicher geladen durch den LINKING LOADER, der die Funktionen des Bindens und Ladens verband. Dies war aber mit dem eminenten Nachteil verbunden, dass der Lader, je besser er war, einen umso grösseren Teil des Arbeitsspeichers belegte und dadurch für das Benutzerprogramm versperrte. Man half sich dann damit, dass man den Platz des Laders zur Laufzeit des Programms für Daten benützte (COMMON in FORTRAN). Bei modernen Rechnern sind die beiden Funktionen getrennt. Der Binder erstellt ein ausführbares Programm auf einem Massenspeicher. Der Lader wird implizit beim RUN Befehl gerufen und überträgt dann das Programm zur Ausführung in den Arbeitsspeicher.

Mit der Einführung des Objekt-(Zwischen)-Codes sind die folgenden Vorteile verbunden:

- Programmteile (Module, Prozeduren, Unterprogramme) können separat geschrieben und übersetzt werden.

- Ein Programm kann ein anderes aufrufen, ohne dass bei der Uebersetzung bekannt sein muss, wo jenes zur Laufzeit im Speicher plaziert ist. Die Einsprungadresse wird dazu vom Linker berechnet (LINKING).

- Adressen von lokalen Daten, die davon abhängen, wo das Programm (Modul) im Speicher steht, werden vom Linker berechnet (RELOCATION). Ihre Adresse ergibt sich aus der effektiven Anfangsadresse des Moduls und der beim Uebersetzen bestimmten Differenz (OFFSET) zu jener. Dasselbe gilt auch für Referenzen auf Daten in einem andern Programmmteil.

- Der Linker kann auch Programme aus einer Bibliothek zuladen, wie wenn sie vom Benutzer selbst geschrieben wären (LIBRARY SEARCH).

Um dies zu erreichen, muss ein Assembler oder Compiler zum erzeugten Code vermerken, ob es sich dabei um absolute Information oder solche handelt, die durch Addition des Relokationsfaktors (Adresse der ersten Speicherzelle des Moduls) angepasst werden muss.

Damit der Linker die Einsprungstelle für einen Unterprogrammaufruf findet, muss das Uebersetzungsprogramm den symbolischen Namen dieser Speicherstelle (Subroutine- oder Prozedurname) ebenfalls in den Objektcode einfügen, damit der Linker die "Verbindung" herstellen kann. Solche Namen, die auch nach dem Uebersetzen noch bekannt sind, nennt man globale Symbole. Natürlich darf in einem Programm eine globale

5.6 Arbeits- und Dienstprogramme

Adresse nur einmal explizit definiert sein. Man unterscheidet deshalb nach internen globalen Symbolen, die nur einmal vorkommen dürfen, und externen, bei denen keine solche Beschränkung besteht.

Je nach den Adressiermöglichkeiten eines Rechners, können die Aufgaben des Linkers vereinfacht werden. Die Adressrelokation (Adressverschiebung) kann auch von der Hardware gemacht werden, wenn z.B. ein Basisregister existiert, das zu Beginn mit der Anfangsadresse des Programms geladen und dann automatisch bei der Berechnung der effektiven Adressen dazuaddiert wird.

Im Zusammenhang mit höheren Programmiersprachen stellt sich bei Anwendungen, wo das Programm in ROM-Speichern untergebracht werden soll, ein weiteres Problem. Da man bei der Benützung höherer Programmiersprachen die direkte Kontrolle über die Speicherzuteilung verliert, muss der Compiler dafür sorgen, dass Daten und Programme nicht gemischt werden. Dasselbe gilt für das Runtime-System der Sprache, dessen Routinen meist in Assembler geschrieben werden, wodurch hier das Problem leichter lösbar wird.

5.6.5 Testhilfsprogramme

Während die syntaktische Richtigkeit eines Programmes automatisch durch Assembler, Compiler oder Interpreter geprüft wird, hat der Benutzer bei der Prüfung auf semantische Fehler wesentlich weniger Unterstützung vom System. Am einfachsten sind Testhilfen bei interpretierenden Systemen zu realisieren, da dabei der Quellentext bei der Ausführung verfügbar ist und dieser, sowie alle Zwischenresultate der Berechnungen zur Kontrolle auf Wunsch leicht ausgedruckt werden können.

Zum Testen von Assemblerprogrammen lädt man zum Beispiel ein Dialogprogramm zu, das es ermöglicht, den Ablauf des Benutzerprogramms interaktiv zu steuern und den Inhalt von Registern und Speicherbereichen zu prüfen. Ein vielseitiges Testhilfeprogramm bietet etwa die folgenden Funktionen an:

- Starten oder Fortführen des Programms an einer bestimmten Stelle.
- Unterbrechen eines Programms zu einem beliebigen Zeitpunkt mittels eines Steuerbefehls, so dass an der Stelle wieder ordnungsgemäss weitergefahren werden kann.
- Ausdrucken und Verändern des Inhalts von Speicherzellen und Registern

5. Betriebssysteme: Aufbau und Funktionen

- Verwendung des Inhalts einer Speicherzelle zum Adressieren
- Markieren von Unterbrechungsstellen (BREAKPOINTS). Das Programm soll beim Abarbeiten zur Ueberprüfung von Zwischenresultaten an einer bestimmten Adresse unterbrochen werden.
- Suchen von Bitmustern
- Rückassemblierung von binärem Code in symbolisches Programm. Wenn die bei der Uebersetzung erzeugte Symboltabelle noch vorhanden ist, können die Adressinformationen durch die im ursprünglichen Quellenprogramm verwendeten Symbole dargestellt werden.
- Konversion von ASCII-Code oder gepackter Information
- Uebergang in schrittweisen Ausführungsmodus
- Ausführung von arithmetischen Operationen, z.B. zur Adressrechnung

Als Testhilfen für Programme in höheren Programmiersprachen lädt man bei interaktiven Systemen ein Dialogprogramm zu, das ähnliche Funktionen wie die oben beschriebenen Assemblertesthilfen ermöglicht. Bei stapelverarbeitenden Systemen muss im Quellenprogramm durch Steuerbefehle vorgemerkt werden, welche Informationen über den Ablauf und Zwischenresultate man ausgedruckt haben möchte. Ein ausgeklügeltes Testhilfeprogramm verfügt etwa über die folgenden Funktionen:

- Starten und Fortführen von Programmen
- Markieren von Unterbrechungsstellen (BREAKPOINTS). Der Programmablauf soll bei einer bestimmten Anweisung unterbrochen werden, damit der Wert einer Variablen überprüft und eventuell geändert werden kann.
- Verfolgen des Programmablaufs (TRACING) auf Anweisungsstufe oder auch nur Prozeduraufrufe und -Rücksprünge.
- Ausdrucken und Verändern des Wertes von Variablen in verschiedenen Formaten (Gleit-, Festkomma, Text) über ihren symbolischen Namen.
- Ueberwachen von Variablen : Bei jeder Aenderung des Wertes soll das Programm unterbrochen werden.
- Ausdrucken einer Anzahl der zuletzt ausgeführten Anweisungen oder Prozeduren nach einem Unterbruch (BREAK) oder automatische Ausführung einer Gruppe von Befehlen (MAKRO).
- Uebergabe der Kontrolle an das Testprogramm nach einem fatalen Fehler.

5.6 Arbeits- und Dienstprogramme

Bei Rechnern mit kleinem Arbeitsspeicher tritt leider häufig der Fall auf, dass eine Testhilfe soviel zusätzlichen Speicher beansprucht, dass sie gar nicht mehr eingesetzt werden kann. Für das Austesten von Echtzeitprogrammen existieren sehr wenig Hilfsmittel. Da eine programmierte Testhilfe immer das zeitliche Verhalten eines Programms beeinflusst, muss man zusätzliche Harware einsetzen. Sei es, dass man einen zweiten meist wesentlich schnelleren Rechner oder ein Gerät einsetzt, das zum Beispiel gewisse Signale verfolgt und aufzeichnet.

5.6.6 Bibliotheksverwaltungsprogramme

Universell einsetzbare Programme werden vorteilhafterweise in Form einer Bibliothek zusammengefasst. Dies ermöglicht es, aus einer Programmsammlung nur gerade diejenigen Teile zu entnehmen, die für ein aktuelles Problem gebraucht werden. Meist werden Bibliotheken auf der Objektstufe gebildet. Vor allem bei höheren Programmiersprachen fasst man Standardfunktionen und allgemein verwendbare Routinen wie mathematische Funktionsprozeduren, Konversionsroutinen und Ein/Ausgabeprozeduren in dieser Form zusammen.

Unterprogrammbibliotheken für Mathematik, Statistik, Graphik etc. werden meist auch in übersetzter Form gebildet, so dass sich der Binder (LINKER) die vom Benutzer gerufenen Module heraussuchen kann. Beispiele für solche Bibliotheken sind etwa das weitverbreitete SSP (SCIENTIFIC SUBROUTINE PACKAGE) von IBM oder die IMSL (INTERNATIONAL MATHEMATICAL and STATISTICAL LIBRARY) als Produkt einer Softwarefirma.

Sammlungen von Quellenprogrammen, also von Texten können ebenfalls als Bibliotheken organisiert werden. Dies ist zum Beispiel beim Unterhalt einer Programmbibliothek der Fall, da man normalerweise das Quellenprogramm und nicht das übersetzte korrigiert. Eine Bibliothek von Makros hingegen muss den Quellentext enthalten, da diese ja in einen Programmtext eingefügt werden.

Zur Bildung einer echten Bibliothek genügt es nun aber nicht, einfach verschiedene Programme in einem einzigen File zu kombinieren. Die einzelnen Module müssen identifizierbar sein und Anfang und Ende markiert werden. Damit man nicht jedesmal die ganze Bibliothek absuchen muss, um festzustellen, ob ein Modul vorhanden ist, setzt man ausserdem an den Anfang noch ein Inhaltsverzeichnis.

5. Betriebssysteme: Aufbau und Funktionen

Die Hauptfunktionen eines Bibliotheksverwaltungsprogramms sind:
- Bilden einer Bibliothek aus mehreren Modulen
- Kombination von zwei Bibliotheken
- Ersetzen, hinzufügen oder löschen eines Moduls
- Ausdruck eines Inhaltsverzeichnisses
- Extrahieren eines Moduls aus einer Bibliothek

5.6.7 Vergleichsprogramme

Beim Erstellen eines Programms kann es oft vorkommen, dass auf verschiedenen Medien verschiedene Versionen desselben Programms existieren, deren Unterschiede nicht zum vornherein erkennbar sind. In solchen Fällen kann ein Programm, das zwei Files vergleicht und die Unterschiede ausdruckt sehr nützlich sein.

Je nachdem, ob es sich um Textfiles oder solche mit beliebiger binär verschlüsselter Information handelt, wendet man verschiedene Vergleichsmethoden an. Bei Textfiles wird man versuchen, die Zeilenstruktur, bei Programmen allenfalls auch die Syntax miteinzubeziehen, um nach einer Unstimmigkeit wieder zu synchronisieren. Bei Binärfiles kann man allgemein nur einen 1:1-Vergleich anstellen und allfällige Unterschiede festhalten.

Vergleichsprogramme lassen sich auch zum Unterhalt von Programmsystemen einsetzen, die an geographisch weitgestreuten Orten zum Einsatz kommen. Das Vergleichsprogramm hält dazu die Unterschiede zwischen dem verteilten, fehlerhaften Programm und der korrigierten Version fest. Diese Unterschiede werden allen Benutzern bekanntgegeben, die damit ihrerseits mit Hilfe eines "Flickprogramms" die Korrekturen bei ihren lokalen Kopien anbringen.

5.6.8 Flickprogramme

Betriebssysteme sind im allgemeinen sehr grosse Programmpakete, die natürlich niemals ganz fehlerfrei sein können. Aus praktischen und kommerziellen Gründen werden die meisten Teile eines Betriebssystems nicht in Quellenform sondern als Objektmoduln (ausführbarer oder verschiebbarer Code) vom Hersteller verteilt. Entdeckt man nun einen Fehler, so wäre es viel zu aufwendig, jedem Benutzer bei jedem neu entdeckten Fehler eine neue Version zu verteilen. Man korrigiert deshalb direkt den Fehler im Objektcode oder Quellentext mit Hilfe eines Flickprogramms (PATCH Program). Da dazu oft mühsam Zahlenreihen

5.6 Arbeits- und Dienstprogramme   95

einzutippen sind, muss man Massnahmen ergreifen, um die Richtigkeit
der Korrektur prüfen zu können. Dies geschieht mit Hilfe eines Testprogramms oder dadurch, dass das PATCH-Programm Quersummenkontrollen ausführt. Ist im Betriebssystem ein Batchprozessor enthalten, so können Korrekturen auch automatisch als Batch Stream ausgeführt werden. Auf jeden Fall sind solche Korrekturen aber immer sehr aufwendig durchzuführen. Etwas bequemer sind Modifikationen anzubringen, wenn das Flickprogramm gerade das Protokoll eines Vergleichsprogramms als Eingabe akzeptiert. Es genügt dann, lediglich die vergleichsweise kleinen Korrekturen zu verteilen, um ein sogenanntes Auto-Patch zu realisieren. Diese Art der programmierten Korrekturen hat vor allem den Vorteil, dass bei fehlerhaften Korrekturen alle Aenderungen rasch wieder von Grund auf angebracht werden können.

5.6.9 Die Systemgenerierung

Flexible Betriebssysteme erlauben es, einen Rechner in verschiedenen Konfigurationen zu betreiben. Je nach Art der angeschlossenen Peripheriegeräte, der Speichergrösse, dem Umfang des Befehlssatzes oder der Anzahl gleichzeitiger Benutzer müssen gewisse Parameter gesetzt, Tabellen erstellt, Module weggelassen oder zusätzlich mit eingeschlossen werden. Als solche Parameter oder Optionen können etwa vorkommen:

- Terminalcharakteristiken (Anzahl Kolonnen pro Zeile, Bildschirm
  oder druckend, mit/ohne Seitenvorschub, Klein/Grossschreibung,
  Uebertragungsgeschwindigkeiten, Füllzeichen)
- Error Logging (Erstellen eines Fehlerprotokolls)
- Pufferbereich für Programmaustausch (Swapping,Checkpointing)
- Puffergrössen für Terminals und Drucker
- Automatisches Drucken der Listingfiles (SPOOLING)
- Standardtabelle der logischen Gerätenamen (Nummern)
- Behandlung von Escape Sequenzen (alphanumerische Steuercodes)
- Speicheraufteilung bei Multiprogramming
- Automatische Verbindungsaufnahme bei Terminals, die über Telephon
  (mit Modems) angeschlossen sind (DIAL UP)

Die Generierung einer neuen Betriebssystemkonfiguration ist recht aufwendig und verlangt eine gründliche Kenntnis der Systemprogramme und der verfügbaren Hardware. Sie kann bei komplexen Mehrbenutzersystemen nur noch von einem erfahrenen Systemmanager gemacht werden.

5.6.10 Batchprozessoren

Der Hauptvorteil der interaktiven Arbeitsweise ist die Flexibilität und Benutzerfreundlichkeit. Jeder Schritt kann überwacht werden. Bei sinnlosen Resultaten oder Fehlern kann man unmittelbar abbrechen oder geeignete Gegenmassnahmen ergreifen. Die Stapelverarbeitung hat den unbestrittenen Vorteil, dass sie bei Routineaufgaben den Aufwand für die Ablaufsteuerung reduziert. Bei Fehlern lässt sich der Ablauf wiederholen oder gewisse Vorgänge leichter rekonstruieren. Ungeübte Benutzer können einen Rechner brauchen, ohne die internen Abläufe zu kennen oder zu verstehen. Es ist deshalb vorteilhaft, auch bei interaktiven Systemen, wie dies normalerweise bei Mini- und Mikrocomputern üblich ist, ein Programm zu haben, das eine Art Batchverarbeitung gestattet.

Solche Batchprogramme verwenden eine eigene Befehlssprache, die in einer Kurznotation ganze Befehlssequezen zusammenfassen. So bewirkt etwa der Befehl: $FORTRAN dass das im File folgende FORTRAN-Programm übersetzt, mit der Systembibliothek gebunden und anschliessend ausgeführt wird. Ein solcher Befehl stellt also eine Art Makro dar.

In einem interaktiven System ist es nun naheliegend, vom starren Schema des reinen Batch abzuweichen und die Möglichkeit zu schaffen, auch während des Ablaufs eines Batch-Jobs eingreifen zu können. Dies ist bei gewissen Batchprozessoren möglich, indem etwa der Ablauf unterbrochen wird, um von der Steuerschreibmaschine einen Filenamen einzulesen. Ergänzt man die Batch-Kommandosprache noch mit der Möglichkeit von bedingten Sprüngen und führt eine Art Variable ein, so kann man damit echte Batchprogramme schreiben, die den Komfort und die Flexibilität bei der Systembedienung erheblich vergrössern. Als Beispiele solcher Befehlssprachen seien der Batchprozessor des RT-11 und der sogenannte "at"-Prozessor des RSX-11 Betriebssystems erwähnt.

5.7 Literatur zu Kapitel 5

[1] Wettstein H.: Aufbau und Struktur von Betriebssystemen. Carl Hanser 1978.

[2] Brinch Hansen P.: Betriebssysteme. Carl Hanser 1977.

6 Echtzeitprogrammiertechnik

6.1 Problemstellung

Ein Programmierer, der irgendwelche Berechnungen auf einem Grossrechner durchführt, braucht sich normalerweise nicht um Ausführungszeitpunkt und Ausführungsdauer seiner Programme zu kümmern. Er wird lediglich bemüht sein, bei grossen Programmen die Ausführungsdauer durch Verwendung effizienter Algorithmen klein zu halten. Ausserhalb seines Programmes stattfindende Ereignisse beeinflussen den Programmablauf nicht.

Soll nun aber zum Beispiel eine Regelung eines industriellen Prozesses mit einem Prozessrechner realisiert werden, so sind die eben angedeuteten Punkte wichtig. Der Programmierer hat dafür zu sorgen, dass bestimmte Abschnitte seines Regelprogrammes in vorgeschriebenen Zeitabschnitten durchgeführt werden.

Auf programmexterne Ereignisse wie zum Beispiel Interrupt-Signale einer Uhr muss in geeigneter Weise reagiert werden. Diese Ereignisse können zum Teil gleichzeitig auftreten, und ihre Behandlung kann mehr oder weniger dringlich sein. Daraus ergibt sich das Bedürfnis, das Programm in mehrere parallel ablaufende Prozesse unterschiedlicher Priorität aufzuteilen.

Die Aufteilung in parallele Prozesse bringt einige weitere Probleme mit sich. Die verschiedenen Prozesse müssen normalerweise in irgend einer Art zusammenarbeiten. Diese Zusammenarbeit muss mit geeigneten Werkzeugen kontrolliert werden können (Synchronisation). Es gibt Hardware-Einheiten (z.B. Peripheriegeräte) und Software-Einheiten (z.B. Daten), die von mehreren Prozessen gemeinsam benützt werden. Die gleichzeitige Benützung einer solchen Einheit durch mehrere Prozesse muss aber normalerweise verhindert werden. Dazu sind zuverlässige Reservations- und Freigabemechanismen nötig.

6.2 Echtzeitbetriebssysteme

6.2.1 Aufgaben eines Echtzeitbetriebssystems

In Kapitel 5 wurden bereits die allgemeinen Aufgaben eines Betriebssystems vorgestellt. Hier werden deshalb nur die beim Echtzeitbetrieb besonders wichtigen Aufgaben diskutiert und die Unterschiede zum Batch-Betrieb hervorgehoben.

Eine wichtige Aufgabe eines Echtzeitbetriebssystems besteht darin, die (wenigen) vorhandenen Prozessoren den (vielen) verschiedenen Prozessen zuzuteilen. Beim Batch-Betrieb wird dabei lediglich gefordert, dass jedem Prozess (üblicherweise ein unabhängiges sequentielles Programm) irgendwann einmal ein Prozessor zugeteilt wird. Beim Echtzeitbetrieb hingegen gibt es Prozesse oder Prozessabschnitte, die in vorgeschriebenen Zeitabschnitten ausgeführt werden müssen. Solchen Prozessen muss dehalb innert nützlicher Frist ein Prozessor zugeteilt werden. Dabei wird man berücksichtigen, dass denjenigen Prozessen, die auf den Eintritt irgend eines Ereignisses warten und deshalb im Moment nicht lauffähig sind, der Prozessor zugunsten anderer Prozesse entzogen werden kann. Diese Massnahme wird aber im allgemeinen nicht genügen, um die zeitlichen Bedingungen zu erfüllen. Man wird deshalb den Prozessen unterschiedliche Prioritäten zumessen und die Prozessorzuteilung entsprechend den Prioritäten der lauffähigen Prozesse vornehmen. Oft muss dann der Prozessor einem lauffähigen Prozess zugunsten eines anderen lauffähigen Prozesses mit höherer Priorität entzogen werden (Verdrängung).

Eine mit der Prozessorzuteilung eng verknüpfte Aufgabe stellt die Prozesssynchronisation dar. Bei einer Prozesssynchronisation wird oft ein bisher nicht lauffähiger Prozess wieder lauffähig. Prozesssynchronisationen stellen deshalb Ereignisse dar, die eine Ueberprüfung und eventuell Aenderung der Prozessorzuteilung erfordern. Eine korrekte und effiziente Prozesssynchronisation wird ermöglicht, wenn ein Betriebssystem Werkzeuge zur Verfügung stellt, mit denen der gegenseitige Ausschluss zweier Prozessabschnitte (mutual exclusion) und die Stimulation eines Partner-Prozesses (cross stimulation) realisiert werden kann. Mit dem gegenseitigen Ausschluss zweier Prozessabschnitte kann man erreichen, dass zwei Prozesse nicht gleichzeitig zu einem bestimmten Objekt (z.B. Peripheriegerät) zugreifen. Durch die Möglichkeit der Stimulation kann ein Prozess

6.2 Echtzeitbetriebssysteme

passiv, d.h. ohne einen Prozessor zu beanspruchen, auf ein Aktivierungssignal (Stimulus) eines anderen Prozesses warten. Besondere Beachtung verlangen in Echtzeitbetriebssystemen rechnerexterne Ereignisse. Vom Rechner her betrachtet äussern sich solche Ereignisse durch Interrupt-Signale. Man kann ein solches Signal aber auch als Stimulus eines externen Prozesses betrachten. Damit lässt sich die Synchronisation mit externen Prozessen mit den gleichen Mitteln beschreiben wie die Synchronisation interner Prozesse untereinander. (Interne Prozesse sind dabei Prozesse, die ausschliesslich auf einer Zentraleinheit ablaufen.)

6.2.2 Aufbau eines Echtzeitbetriebsystems

Die wohl wichtigste Komponente von Echtzeitbetriebssystemen stellt die Ablaufsteuerung dar. Sie wird gelegentlich auch Nukleus oder Kern genannt. Je nach Umfang des Betriebssystemes werden darauf aufbauend weitere Komponenten wie zum Beispiel Ein-/Ausgabesteuerung, Benutzerdialog, Speicherverwaltung hinzugefügt. In diesem Abschnitt wird nur gerade die Ablaufsteuerung beschrieben. Für die übrigen Komponenten wird auf Kapitel 5 verwiesen.

Die folgende Beschreibung der Ablaufsteuerung stützt sich auf die Arbeiten [1 .. 3]. Dabei wird von einer möglichst einfachen Ablaufsteuerung ausgegangen. Optimierungsmöglichkeiten werden nicht betrachtet. Gegenstand der Ablaufsteuerung ist das Beginnen, Unterbrechen, Fortsetzen und Beenden von Prozessen. Die Ablaufsteuerung wird wesentlich erschwert durch die Tatsache, dass normalerweise mehr Prozesse als Prozessoren vorhanden sind. Eine gute Ablaufsteuerung zeichnet sich deshalb u.a. durch eine zweckmässige Zuteilung der vorhandenen Prozessoren zu den verschiedenen Prozessen aus.

6.2.2.1 Prozesse und Prozessoren

Jeder Prozess muss in einem Betriebssystem in geeigneter Weise gekennzeichnet werden. Eine solche Kennzeichnung wird Prozessdeskriptor genannt. Sie muss unabhängig davon existieren, ob dem Prozess im Moment ein Prozessor zugeteilt ist oder nicht. Sie kann zum Beispiel folgende Angaben enthalten:

- Beschreibung (Name, Priorität, Aktivierungsangaben)
- Laufparameter (Prozesszustand, Prozessorzustand)
- Verwaltungsdaten (zwecks Einordnung des Prozesses in Wartelisten)

6. Echtzeitprogrammiertechnik

Je nach Umfang des Betriebssystems kann ein Prozessdeskriptor mehr oder weniger Komponenten enthalten. Die Bedeutung der einzelnen Komponenten wird aus den folgenden Ausführungen ersichtlich. Bei der Prozessorzuteilung sind vorerst die Zustände der einzelnen Prozesse zu betrachten. Die verschiedenen Prozesszustände und Zustandsübergänge sind im Bild 6.1 zusammengestellt.

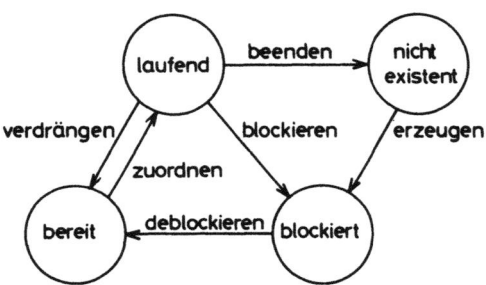

Bild 6.1 Prozesszustandsdiagramm

Nur Prozesse, die sich in den Zuständen "bereit" und "laufend" befinden, sind bei der Prozessorzuteilung zu berücksichtigen. Prozesse im Zustand "blockiert" warten auf den Eintritt irgend eines Ereignisses und sind deshalb im Moment nicht lauffähig. Der Prozesszustand "nicht existent" interessiert weiter nicht. Er dient nur zur Erreichung einer geschlossenen Darstellung.

Mit der Operation "erzeugen" wird ein neuer Prozess zu der Menge der blockierten Prozesse hinzugefügt. Sobald alle Bedingungen für den Ablauf erfüllt sind, wird ein Prozess mit der Operation "deblockieren" in den Zustand "bereit" überführt. Abhängig von der Anzahl vorhandener Prozessoren, der Anzahl lauffähiger Prozesse und der verwendeten Zuteilungsstrategie wird ein Prozess nun mehr oder weniger lang im Zustand "bereit" verweilen, bevor er mit der Operation "zuordnen" in den Zustand "laufend" versetzt wird. Beim Zustandsübergang "zuordnen" wird der Prozessorzustand benötigt. Dieser gibt an, wo und mit welchen Daten (Registerinhalte) der Prozess angefangen beziehungsweise fortgesetzt werden muss. Den Zustand "laufend" kann ein Prozess auf drei verschiedene Arten wieder verlassen. Er kann sich zum Beispiel blockieren, weil eine bestimmte Bedingung noch nicht erfüllt ist (Uebergang "blockieren"). Er kann auch verdrängt werden, indem er den Prozessor an einen anderen Prozess mit höherer Priorität abgeben muss (Uebergang "verdrängen"). Bei diesen Uebergängen muss

6.2 Echtzeitbetriebssysteme

der Prozessorzustand im Prozessdeskriptor nachgeführt werden. Andernfalls wäre eine spätere Fortsetzung des Prozesses nicht möglich. Sind alle Anweisungen des Prozesses ausgeführt, so verschwindet der Prozess aus der Menge der existierenden Prozesse (Uebergang "beenden").

Es stellt sich nun die Frage, wie die Prozessdeskriptoren verwaltet werden sollen. Sind die Anzahl möglicher Prozesse und die Komponenten ihrer Deskriptoren im voraus bekannt, so können die Prozessdeskriptoren in einer statischen Tabelle angeordnet werden. Eine solche Tabelle könnte zum Beispiel wie folgt aussehen:

```
+-----------+-----------+-------+------------+--------------------+
| Prozess-  | Prozess-  | Prio- | Prozessor- | Aktivierungs-      |
| nummer    | zustand   | rität | zustand    | angaben            |
+-----------+-----------+-------+------------+--------------------+
|   1       | nicht ex. |       |            |                    |
|   .       |   ...     |   .   |   ...      |   ...              |
|   3       | laufend   |   4   | xxxxxxx    | xxxxxxxxxxx        |
|   .       |   ...     |   .   |   ...      |   ...              |
|   5       | blockiert |   6   | xxxxxxxxx  | Interrupt der Uhr  |
|   6       | bereit    |   2   | xxxx       | xxxxxx             |
|   .       |   ...     |   .   |   ...      |   ...              |
|   n       |   ...     |   .   |   ...      |   ...              |
+-----------+-----------+-------+------------+--------------------+
```

Bild 6.2 Beispiel einer statischen Prozessdeskriptor-Tabelle

Alle für das Betriebssystem wichtigen Ereignisse werden eine Bearbeitung der Prozessdeskriptor-Tabelle verlangen. Es sind Einträge zu suchen, zu löschen oder neu vorzunehmen. Um einzelne dieser Operationen zu vereinfachen, kann die Tabelle nach einem bestimmten Kriterium geordnet sein.

Ist die Anzahl möglicher Prozesse unbekannt, so wird man die Prozessdeskriptoren in einer dynamischen Datenstruktur anordnen müssen. Dazu bieten sich verkettete Listen an. Oft verwendet man für jeden Prozesszustand eine separate Liste. Dann geht der Prozesszustand aus der Listenzugehörigkeit des Prozessdeskriptors hervor. Er braucht im Prozessdeskriptor selbst nicht mehr aufgeführt zu werden. Man kann die Listen auch noch weiter aufteilen und zum Beispiel beim Prozesszustand "blockiert" für die verschiedenen erwarteten Ereignisse separate Wartelisten vorsehen. Ein Prozesssystem könnte dann zum Beispiel durch eine Listenanordnung wie in Bild 6.3 dargestellt sein.

Anstatt eine statische Tabelle zu bearbeiten, muss nun ein Betriebssystem eine oder mehrere Listen bearbeiten. Dabei sind im wesentlichen die Operationen "suchen", "einfügen" und "entfernen" vorzunehmen. Wird zum Beispiel ein wartender Prozess durch ein eintretendes Ereignis deblockiert, so muss dieser vorerst aus der Liste der wartenden Prozesse entfernt werden. Anschliessend wird er in die Liste der bereitstehenden Prozesse eingefügt. Die Einfügestelle sei bestimmt durch die Priorität des Prozesses. Man wird also zuerst denjenigen Prozess suchen, der eine tiefere Priorität hat als der einzufügende Prozess. Dann wird der neue Prozess vor diesem eingefügt. Dabei wird nicht etwa der ganze Prozessdeskriptor umgespeichert. Es genügt, die Zeiger einzelner Deskriptoren umzusetzen.

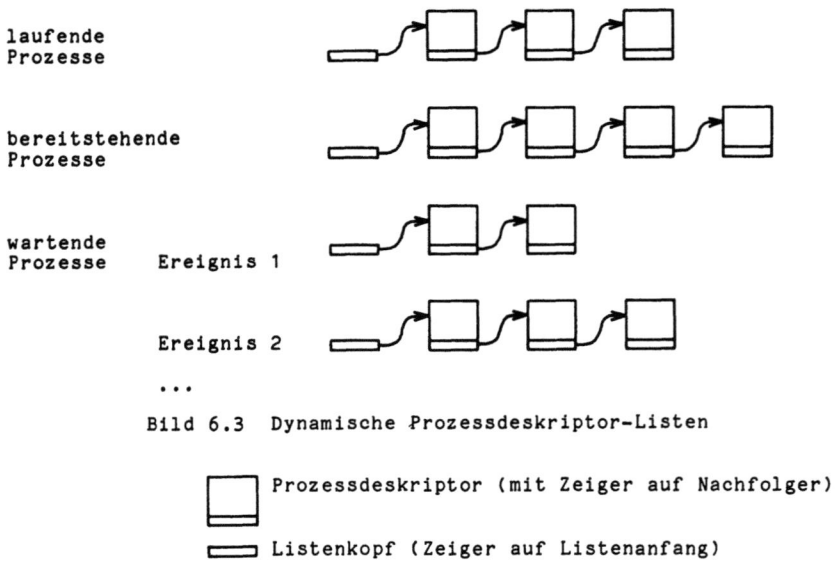

Bild 6.3 Dynamische Prozessdeskriptor-Listen

☐ Prozessdeskriptor (mit Zeiger auf Nachfolger)

⊏⊐ Listenkopf (Zeiger auf Listenanfang)

6.2.2.2 Prozessumschaltungen

In diesem Abschnitt wird kurz auf die Prozessumschaltung, deren Realisierung und auf mögliche Umschaltstrategien eingegangen. Eine Prozessumschaltung findet statt, wenn ein Prozess verdrängt wird, sich blockiert oder beendet, und der freigewordene Prozessor einem anderen Prozess zugeteilt wird. Die Prozessumschaltung befasst sich somit nur mit Prozessen in den Zuständen "bereit" und "laufend". Es hat sich als zweckmässig erwiesen, bei der Prozessumschaltung auch noch die übrigen Zustände und Zustandsübergänge zu betrachten. Es muss nun abgeklärt werden, wer die sechs im letzten Abschnitt erwähnten Operati-

6.2 Echtzeitbetriebssysteme

onen "erzeugen", "deblockieren", "zuordnen", "blockieren", "verdrängen" und "beenden" durchführt. Im letzten Abschnitt war die Rede von einem "Betriebssystem", das diese Operationen durchführt. Das Betriebssystem stellt dann einen sogenannten System-Prozess dar. Dieser Prozess besitzt offenbar eine den übrigen Prozessen übergeordnete Stellung. Diese übrigen Prozesse werden im folgenden Benutzerprozesse genannt. Häufig wird aber ein Betriebssystem so realisiert, dass es nicht selbst einen Prozess bildet. Es besteht vielmehr aus einer Menge von Betriebssystemfunktionen, in denen die obigen Operationen ausgeführt werden. So kann zum Beispiel für jede oben erwähnte Operation eine Betriebssystemfunktion mit gleichem Namen existieren. Diese Betriebssystemfunktionen (auch Kernfunktionen oder Systemfunktionen genannt) werden dann von den verschiedenen Benutzerprozessen selbst aufgerufen. Zwecks Vereinfachung der Betriebssystemfunktionen wird häufig für jeden vorhandenen Prozessor ein Leerlaufprozess eingeführt. Dieser hat die tiefste Priorität und erhält somit den Prozessor immer nur dann, wenn keine anderen Prozesse lauffähig sind.

Eine Prozessumschaltung soll nun anhand eines einfachen Beispiels genauer betrachtet werden: Ein Prozess P blockiere sich, weil eine bestimmte Bedingung nicht erfüllt ist. Er übergebe den freigewordenen Prozessor an einen anderen Prozess. Wenn die erwähnte Bedingung später erfüllt wird, soll der unterbrochene Prozess P wieder fortgesetzt werden. Ein erster Ansatz führt zur Programmierung von P gemäss Bild 6.4.

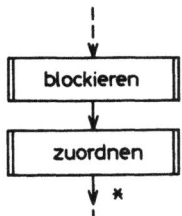

Bild 6.4 Einfache Prozessumschaltung

Beim Aufruf der Funktion "blockieren" werde der Prozessorzustand abgespeichert und der Prozessdeskriptor zu der Menge der blockierten Prozesse hinzugefügt. Damit ist der bisherige Prozess vom Prozessor getrennt. Dieser kann nun durch Aufruf der Funktion "zuordnen" einem anderen Prozess zugeteilt werden. Mit der Annahme, dass für jeden Prozessor ein Leerlaufprozess vorhanden sei, ist dies immer möglich. Ein Problem wird sich aber beim späteren Fortsetzen des Prozesses P ergeben. Es muss nämlich gewährleistet werden, dass diese Fortsetzung an der in Bild 6.4 mit "*" bezeichneten Stelle erfolgt. Das bedeutet aber, dass beim Unterbrechen dieses Prozesses nicht der aktuelle, sondern ein zukünftiger, noch unbekannter Prozessorzustand abgespeichert werden müsste. Dieses Problem lässt sich wie folgt lösen: Der Prozess P ruft nicht mehr direkt die beiden Funktionen "blockieren" und "zuordnen" auf. Stattdessen ruft er eine Systemfunktion "warten" auf, in der für ihn unsichtbar eine Prozessumschaltung stattfindet. Der Prozess P kann dann wie folgt programmiert werden:

... Anweisung A; warten(...); Anweisung B; ...

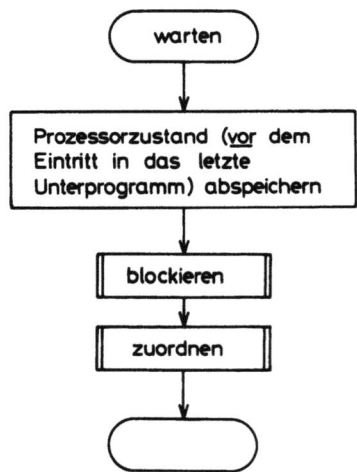

Bild 6.5 Prozessumschaltung innerhalb einer Systemfunktion "warten"

Die Funktion "warten" wird gemäss Bild 6.5 realisiert. Zuerst wird derjenige Prozessorzustand abgespeichert, der vor dem Eintritt in das letzte Unterprogramm herrschte. Bei diesem Prozessorzustand zeigt der Programmzähler nämlich auf den dem Unterprogrammaufruf folgenden Befehl. Im obigen Beispiel wird also ein Prozessorzustand abgespeichert, bei dem der Programmzähler auf die Anweisung B zeigt. Somit ist gewährleistet, dass später die Fortsetzung des Prozesses bei Anweisung B erfolgt. In der Funktion "blockieren" wird jetzt lediglich noch der Prozessdeskriptor zur Menge der blockierten Prozesse hinzugefügt.

Umschaltstrategien

Bei der Prozessumschaltung zwischen den Zuständen "bereit" und "laufend" unterscheidet man zwischen zyklischer und dringlichkeitsgesteuerter Umschaltung. Beide Strategien können mit oder ohne Verdrängung arbeiten.

Bei zyklischer Umschaltung stellt die Liste der bereitstehenden Prozesse eine sogenannte FIFO-Liste dar (first in, first out). Wird ein Prozessor frei, so wird der am Anfang der Liste stehende Prozess aus der Liste entfernt und erhält den freigewordenen Prozessor zugeteilt. Prozesse, die in den Zustand "bereit" übergehen, werden am Ende der Liste angefügt. Bei Echtzeitsystemen wird diese Strategie weniger angewandt, weil sie die bei Echtzeitproblemen typische Forderung nach Prozessorzuteilung innerhalb vorgegebener Frist nicht berücksichtigt. Innerhalb der dringlichkeitsgesteuerten Umschaltung findet sie aber häufig Anwendung bei Prozessen mit gleicher Priorität.

Bei dringlichkeitsgesteuerter Umschaltung ist die Liste der bereitstehenden Prozesse nach Prioritäten geordnet. Ein "bereit" werdender Prozess wird dann an einem von seiner Priorität abhängigen Ort in die Liste eingefügt. Mit einer solchen Listenordnung erreicht man, dass beim Freiwerden eines Prozessors rasch und einfach derjenige Prozess gefunden wird, der als nächster den Prozessor erhalten soll. Eine dringlichkeitsgesteuerte Umschaltung wird normalerweise mit der Möglichkeit der Verdrängung verwendet. Ohne Verdrängung könnte ein Prozess mit tiefer Priorität einen solchen mit hoher Priorität behindern. Damit wäre die oben erwähnte wichtige Forderung bei Echtzeitproblemen nicht berücksichtigt.

6.2.2.3 Prozesssynchronisation

Verschiedene Objekte eines Rechnersystems müssen von mehreren Prozessen gemeinsam benützt werden. Dies ergibt sich einerseits aus wirtschaftlichen Gründen bei der Benützung von Prozessoren und Peripheriegeräten. Prozesse müssen solche Objekte gemeinsam benutzen, auch wenn sie voneinander unabhängige Aufgaben erfüllen. Anderseits können aber auch mehrere Prozesse an der gleichen Aufgabe arbeiten, so dass gemeinsame Objekte für den gegenseitigen Informationsaustausch nötig sind.

Der Zugriff zu gemeinsam benützten Objekten erfordert Einschränkungen im zeitlichen Ablauf eines Prozesses. Die Massnahmen zur Realisierung dieser zeitlichen Einschränkungen bezeichnet man als Synchronisation. Man kann folgende zwei Arten von Synchronisation unterscheiden:

- **gegenseitiger Ausschluss** (mutual exclusion):

  Zwei Prozesse dürfen nicht gleichzeitig zu einem gemeinsam benützten Objekt zugreifen. Diese Forderung ist einleuchtend bei der Benützung von Peripheriegeräten wie zum Beispiel Druckern. Das Protokoll eines Prozesses A und dasjenige eines Prozesses B sollen nicht zufällig gemischt werden. Aber auch bei gemeinsam benützten Daten muss oft der gleichzeitige Zugriff verhindert werden. Ein Prozess darf zum Beispiel nicht eine Variable lesen, während ein anderer diese gerade beschreibt, weil sich die Variable während der Beschreibung in einem inkonsistenten Zustand befindet.

- **Synchrone Abhängigkeit**:

  Ein Prozess kann erst dann mit seiner Arbeit weiterfahren, wenn eine bestimmte Bedingung erfüllt ist. Ein anderer Prozess bewirkt, dass diese Bedingung erfüllt wird. Diese Situation tritt zum Beispiel bei einem Produzenten-Konsumenten-Verhältnis auf. Ein Produzenten-Prozess produziere irgendwelche Daten. Ein einzelnes Datenpaket darf von einem Konsumenten-Prozess erst verarbeitet werden, wenn dieses fertig produziert ist. Der Konsumenten-Prozess muss also darauf warten.

Im folgenden werden Werkzeuge vorgestellt, mit denen Prozesssynchronisationen realisert werden können.

Gegenseitiger Ausschluss:

Bei der Realisierung von gegenseitigem Ausschluss geht es offenbar darum, zu verhindern, dass mehrere Prozesse gleichzeitig diejenigen Prozessabschnitte durchlaufen, in denen sie zu einem gemeinsam benützten Objekt zugreifen. Solche Prozessabschnitte werden kritische Abschnitte (critical sections) genannt. Die kritischen Abschnitte zweier oder mehrerer Prozesse können identisch sein, zum Beispiel wenn diese Prozesse die gleiche Prozedur aufrufen und diese Prozedur einen kritischen Abschnitt darstellt. In diesem Fall kann man von einem kritischen Abschnitt sprechen. Sie können aber auch verschieden sein, zum Beispiel wenn diese Prozesse zum gleichen Objekt über verschiedene Prozeduren zugreifen. Dann kann von mehreren zueinander kritischen Abschnitten sprechen. Im folgenden wird stets dieser allgemeinere Fall betrachtet. Der erste Fall sei darin als Spezialfall enthalten. Ein kritischer Abschnitt wird als besetzt bezeichnet, wenn sich ein Prozess in einem zu diesem Abschnitt kritischen

6.2 Echtzeitbetriebssysteme

Abschnitt befindet. Ein Prozess muss nun am Eingang eines kritischen Abschnittes verzögert werden, wenn dieser momentan besetzt ist.

Ein erster Ansatz führt auf die Realisation des gegenseitigen Ausschlusses mittels eines Flags F. Ein Prozess prüft am Eingang eines kritischen Abschnittes, ob das entsprechende Flag gesetzt ist. Ist es nicht gesetzt, so setzt er es und betritt den kritischen Abschnitt. Andernfalls wiederholt er die Prüfung. Am Schluss des kritischen Abschnittes wird das Flag zurückgesetzt. Diese Flag-Operationen zur Realisierung des gegenseitigen Ausschlusses werden in den zwei Funktionen "verriegeln" und "entriegeln" zusammengefasst (Bild 6.6).

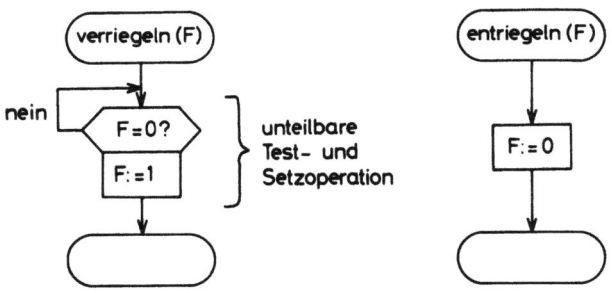

Bild 6.6 Die elementaren Funktionen "verriegeln" und "entriegeln"

Bei diesen beiden Funktionen wurde angenommen, dass die Rechner-Hardware bereits garantiert, dass zu einem einzelnen Speicherplatz nur exklusiv zugegriffen werden kann. Während also ein Prozess ein in einem einzelnen Speicherplatz dargestelltes Flag prüft oder setzt, kann kein anderer Prozess zu diesem Flag zugreifen. Bei der Funktion "verriegeln" wurde weiter angenommen, dass es eine unteilbare Test- und Setz-Operation gibt. Für diese Operation garantiert die Rechner-Hardware den exklusiven Zugriff. Das Flussdiagramm in Bild 6.7 soll die Verwendung der Funktionen "verriegeln" und "entriegeln" bei der Realisierung des gegenseitigen Ausschlusses kritischer Abschnitte verdeutlichen.

Die beiden Funktionen "verriegeln" und "entriegeln" sind nur bei kurzen kritischen Abschnitten zweckmässig. Bei längeren Abschnitten würde die Warteschleife innerhalb der Funktion "verriegeln" zu einem untragbaren Effizienzverlust führen. Ein Prozess, der einen kritischen Abschnitt besetzt vorfindet, würde bis zu dessen Freiwerden dauernd einen Prozessor beanspruchen, ohne eine sinnvolle Arbeit zu leisten.

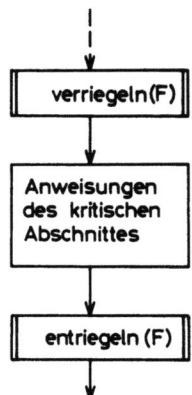

Bild 6.7 Anwendung der Funktionen "verriegeln" und "entriegeln"

Die allgemeine Lösung des Problems des gegenseitigen Ausschlusses wurde erstmals von Dijkstra vorgestellt. Dijkstra hat die sogenannte Semaphorvariable S eingeführt. Auf solche Variablen kann über die zwei Funktionen P(S) und V(S) zugegriffen werden (Bild 6.8).

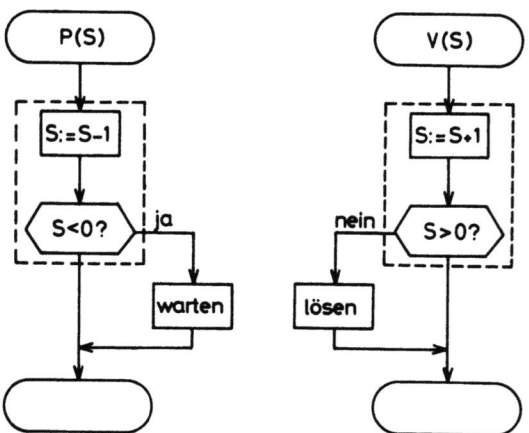

Bild 6.8 Funktionen P(S) und V(S)

Mit den Funktionen P(S) und V(S) lässt sich nun der gegenseitige Ausschluss zweier beliebiger Prozessabschnitte realiseren. S wird anfänglich auf 1 initialisiert. S=1 bedeutet "kritischer Abschnitt frei", S<1 bedeutet "kritischer Abschnitt besetzt". Ist S<0, so gibt

6.2 Echtzeitbetriebssysteme

der Absolutwert von S die Anzahl Prozesse an, die auf das Freiwerden des kritischen Abschnittes warten. Ein Prozess muss zu Beginn des kritischen Abschnittes die Funktion P(S) aufrufen. Dort wird S zuerst dekrementiert. Ist S nun gleich Null geworden, so war der kritische Abschnitt vorher noch frei. Der P(S) aufrufende Prozess hat ihn nun besetzt und kann ihn direkt betreten. Andernfalls ist der kritische Abschnitt offenbar bereits besetzt und der Prozess muss warten. In diesem Wartezustand soll der Prozess aber im Gegensatz zur Warteschleife bei der Funktion "verriegeln" keinen Prozessor beanspruchen. Am Schluss des kritischen Abschnittes muss ein Prozess durch Aufruf von V(S) diesen wieder freigeben. Wartet ein anderer Prozess auf das Freiwerden dieses Abschnittes, so ist dieser aus dem Wartezustand zu lösen.

Bei der Realisation der Funktionen P(S) und V(S) stellen sich nun aber noch zwei weitere Probleme. Einerseits stellen die in Bild 6.8 eingerahmten Teile ihrerseits kritische Abschnitte dar. Es sind aber kurze kritische Abschnitte, so dass für sie der gegenseitige Ausschluss mit den Funktionen "verriegeln" und "entriegeln" realisert werden kann. Anderseits muss bei der in der Funktion V(S) verwendeten Operation "lösen" eine Ueberprüfung und eventuell Aenderung der Prozessorzuteilung erfolgen. Es wurde nämlich ein neuer Prozess in den Zustand "bereit" gesetzt. Eventuell muss jetzt einer der momentan laufenden Prozesse verdrängt werden. Dies ist eine recht schwierige Aufgabe. Sie wird hier nur für Einprozessorsysteme gelöst. Lösungen für Mehrprozessorsysteme werden zum Beispiel in [3] vorgestellt. (Ein Mehrprozessorsystem besteht aus mehreren eng gekoppelten Prozessoren, d.h. Prozessoren mit einem gemeinsamen Speicher. Lose gekoppelte Prozessoren, d.h. Prozessoren ohne einen gemeinsamen Speicher werden als einzelne Einprozessorsysteme angesehen.) Beim Einprozessorsystem kann eine Verdrängungsprüfung und allenfalls eine Verdrängung am einfachsten dadurch erreicht werden, dass der momentan laufende Prozess zuerst eine Funktion "aufgeben" und dann die Funktion "zuordnen" aufruft. In der Funktion "aufgeben" versetzt sich der Prozess vom Zustand "laufend" in den Zustand "bereit". In der Funktion "zuordnen" wird der Prozessor dem bereitstehenden Prozess mit der höchsten Priorität zugeordnet. Das kann wieder der bisherige oder ein neuer Prozess sein. Bild 6.8 zeigt nun eine Realisierung der Funktionen P(S) und V(S). Dabei wurde die Operation "warten" in der Funktion P(S) auf die gleiche Art wie im Abschnitt 6.2.2.2 realisiert.

6. Echtzeitprogrammiertechnik

Bei Einprozessorsystemen ist es zweckmässig, den Prozessen während dem Abarbeiten der Funktionen P(S) und V(S) die gleiche Priorität zuzuteilen. Andernfalls besteht die Gefahr von Verklemmungen. Es rufe zum Beispiel ein Prozess mit Priorität 4 die Funktion P(S) auf. Nachdem er dort die Funktion "verriegeln"(F_s) beendet habe, werde er noch vor dem Test "S<0 ?" von einem Prozess mit Priorität 5 verdrängt. Dieser rufe die Funktion V(S) und darin die Funktion "verriegeln"(F_s) auf. Er wird dort in der Warteschleife "hängen bleiben". Die beiden Prozesse blockieren sich gegenseitig (Verklemmung). Grundsätzlich müssen nur diejenigen Prozesse beim Abarbeiten von P(S) und V(S) die gleiche Priorität haben, die auf die gleiche Semaphorvariable S zugreifen. Zwecks einfacherer Realisierung wird aber normalerweise beim Aufruf der Funktionen P(S) und V(S) unabhängig von der Variablen S immer die gleiche Priorität verwendet.

Die Benützung der Funktionen P(S) und V(S) soll noch an einem Beispiel verdeutlicht werden: Zwei Prozesse benutzen einen Drucker gemeinsam um Protokolle auszudrucken. Die Ausgaben sollen nicht gemischt werden (Bild 6.9).

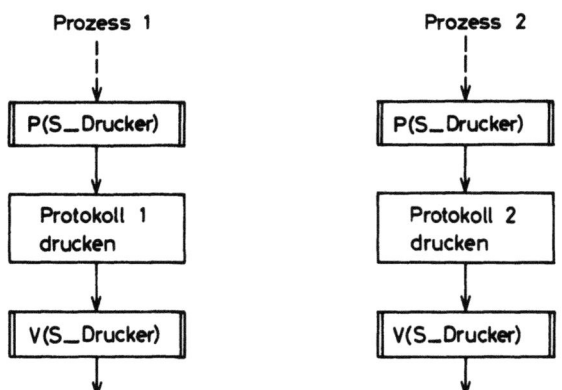

Bild 6.9 Benützung eines gemeinsamen Druckers

Synchrone Abhängigkeit:

Bei synchronen Abhängigkeiten ist ein Prozess zu verzögern, bis eine bestimmte Bedingung erfüllt ist. Das gleiche Problem wurde aber bereits beim gegenseitigen Ausschluss angetroffen. Dort ging es darum, einen Prozess zu verzögern, solange ein kritischer Abschnitt besetzt war. Man könnte wieder die Funktionen "verriegeln" und "entriegeln" benutzen. Es ergäbe sich aber wieder ein untragbarer Effizienz-

6.2 Echtzeitbetriebssysteme

verlust, wenn ein Prozess lange in der Funktion "verriegeln" auf die Erfüllung einer Bedingung warten müsste. Zudem wären Verklemmungen leicht möglich. Es bieten sich wieder die Funktionen P(S) und V(S) an. Die synchrone Abhängigkeit eines Prozesses P1 von einem Prozess P2 kann dann wie folgt programmiert werden: (S=1 bedeute "Bedingung erfüllt", S<1 bedeute "Bedingung nicht erfüllt". S werde anfänglich auf Null initialisiert.)

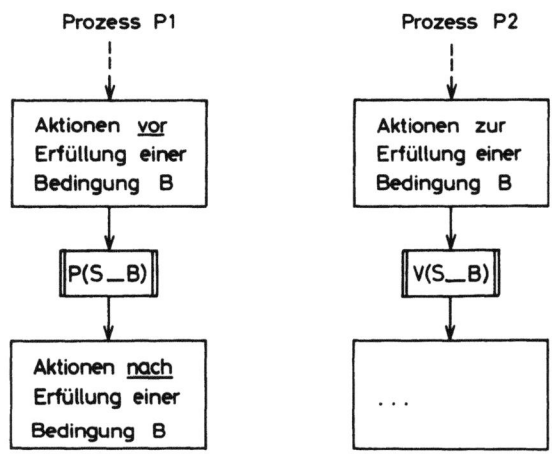

Bild 6.10 Realisierung einer synchronen Abhängigkeit mit P(S), V(S)

Bei dieser Realisierung der synchronen Abhängigkeit wird ein passiv wartender Prozess von einem anderen angestossen. Diesen Vorgang nennt man "Stimulation eines Partner-Prozesses" (cross stimulation). Bis jetzt waren immer nur zwei Prozesse an der Synchronisation beteiligt. Durch mehrfache Anwendung der Funktionen P(S) und V(S) lassen sich aber auch Synchronisationen zwischen mehreren Prozessen realisieren. Beispiele dazu finden sich in [2]. Häufig ist mit der Synchronisation auch ein Informationsaustausch zwischen Prozessen verbunden. Diesen Austausch kann man über gemeinsam benützte Variablen vornehmen. Die Bereitstellung der Information kann dann mit der Funktion P(S) abgewartet und mit der Funktion V(S) gemeldet werden. Oft ist es wünschenswert, diese Information gerade mit der Funktion P(S) zu übernehmen oder mit der Funktion V(S) zu übergeben. Dabei sollen keine Einschränkungen bestehen bezüglich Anzahl und Reihenfolge der Informationsübergaben und Informationsübernahmen bzw. -übernahmeversuchen.

112   6. Echtzeitprogrammiertechnik

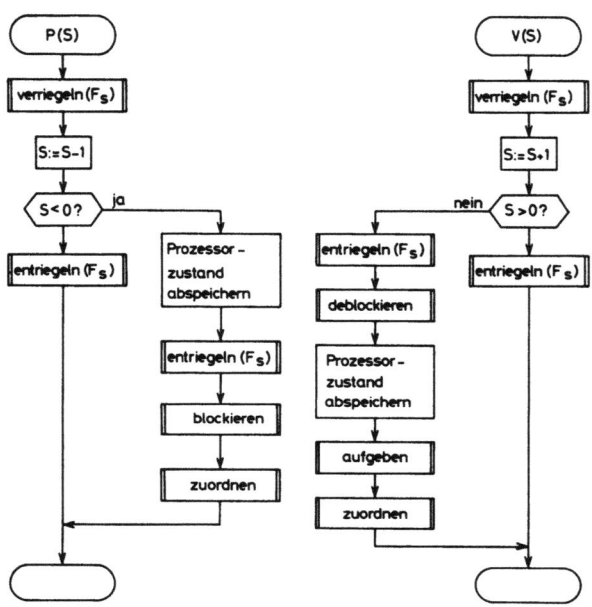

Bild 6.11   Realisierung von P(S) und V(S) für ein Einprozessorsystem

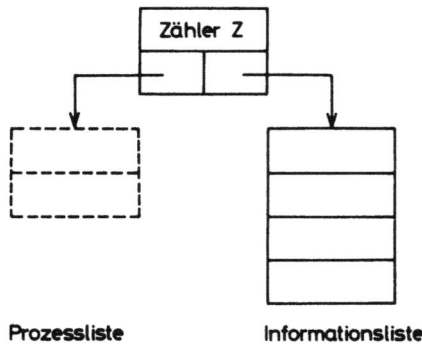

Bild 6.12   Synchronisationselement

Das bedingt einerseits, dass übergebene Informationspakete, auf die im Moment kein Empfänger wartet, aufgespeichert werden können. Andererseits müssen Prozesse, die noch nicht vorhandene Informationspakete anfordern, vorgemerkt werden. Eine Datenstruktur, die dies erlaubt, wird hier Synchronisationselement genannt und könnte zum Beispiel wie in Bild 6.12 aussehen.

6.2 Echtzeitbetriebssysteme

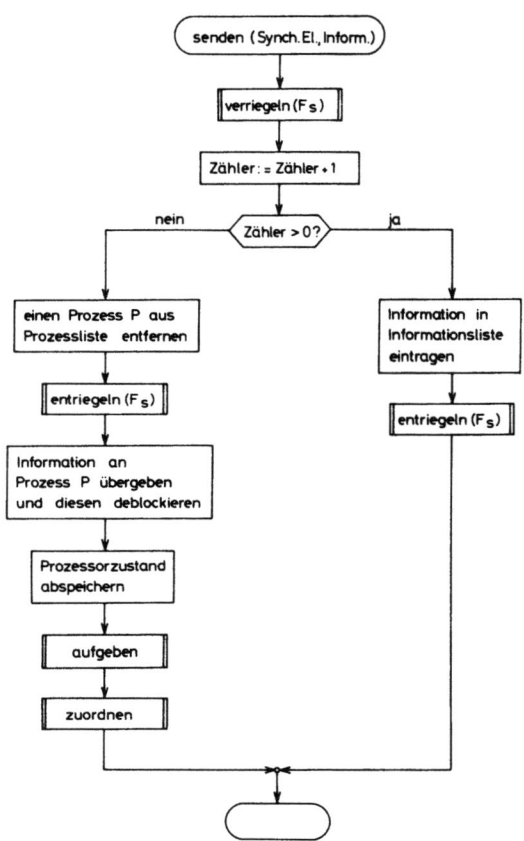

Bild 6.13 Synchronisationsfunktion "senden"

Das Synchronisationselement besteht aus einem Deskriptor, einer Prozessliste und einer Informationsliste. Die Prozessliste enthält eine Identifikation derjenigen Prozesse, die Informationspakete angefordert haben, die noch nicht vorhanden sind. Die Informationsliste enthält noch nicht abgeholte Informationspakete. Dabei ist immer die eine der beiden Listen leer. Ein Prozess wird einerseits nur in die Prozessliste eingetragen, wenn momentan keine Informationspakete vorhanden sind. Anderseits wird ein Informationspaket nur abgespeichert, wenn momentan kein Prozess wartet. Der Deskriptor enthält neben den Zeigern auf die erwähnten Listen einen Zähler Z mit folgender Bedeutung:

Z = 0 : beide Listen leer
Z > 0 : Informationsliste nicht leer, Prozessliste leer
Z < 0 : Prozessliste nicht leer, Informationsliste leer

Die beiden Funktionen P(S) und V(S) werden nun gemäss obigen Wünschen erweitert. Zur deutlichen Unterscheidung werden diese erweiterten Funktionen hier neu benannt mit "senden" und "empfangen". Für ein Einprozessorsystem können die beiden Funktionen gemäss Bild 6.13 respektive Bild 6.14 realisiert werden.

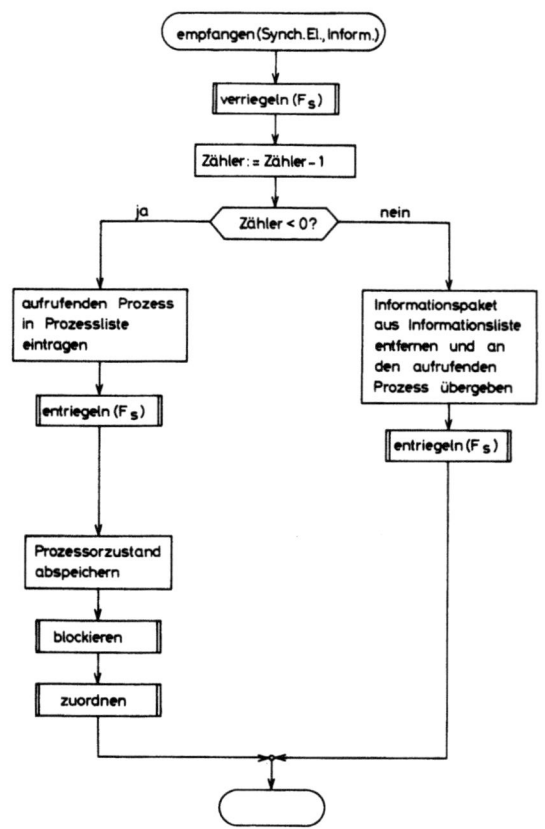

Bild 6.14 Synchronisationsfunktion "empfangen"

6.2.2.4 Reaktion auf externe Ereignisse

In Abschnitt 6.2.1 wurde bereits auf die Behandlung rechnerexterner Ereignisse hingewiesen. Die von solchen Ereignissen herrührenden Interrupt-Signale werden als Stimulus-Signale externer Prozesse betrachtet. Eine Reaktion auf ein externes Ereignis kann deshalb auch als Synchronisation mit einem externen Prozess betrachtet werden. Bei einer solchen Synchronisation muss man aber beachten, dass rechnerexterne Prozesse nicht die gleichen Fähigkeiten haben wie rechnerinterne Prozesse. Mit Hilfe des Interrupt-Mechanismus können diese Prozesse aber fehlende Fähigkeiten von einer Zentraleinheit beziehen. Der externe Prozess läuft dann teilweise auf einem Peripheriegerät und teilweise auf einer Zentraleinheit ab. Dies ist wie folgt zu verstehen: Ein bei einem Prozessor eintreffendes Interrupt-Signal verursacht eine Unterbrechung des im Moment ablaufenden Prozesses. Der Prozessor beginnt mit der Ausführung einer zum Interrupt-Signal gehörenden Interrupt-Routine. In dieser Interrupt-Routine kann nun eine Synchronisation mit einem internen Prozess realisiert werden. Dabei muss aber gewährleistet werden, dass die Interrupt-Routine nicht von einem internen Prozess unterbrochen wird. Sie darf höchstens von einem anderen Interrupt-Signal und der dazugehörenden Interrupt-Routine unterbrochen werden. Beginn, Unterbruch, Fortsetzung und Ende von Interrupt-Routinen werden nämlich nicht mit dem oben beschriebenen Mechanismus der Prozessumschaltung gelöst, sondern mit dem von der Rechner-Hardware unterstützten Interrupt-System. Dieses Interrupt-System wird im Abschnitt 6.4 noch genauer beschrieben. Gelegentlich werden Interrupt-Routinen auch Interrupt-Prozesse genannt. Sie werden dann als eine Art primitive Prozesse betrachtet, die den Prozessor nicht über Betriebssystemfunktionen, sondern über den Hardware-Interrupt-Mechanismus zugeteilt erhalten.

6.2.2.5 Einbezug der Echtzeit

Bei der Lösung von Echtzeitaufgaben müssen zeitliche Bedingungen formuliert werden können. So will man zum Beispiel das Warten eines Prozesses auf ein bestimmtes Ereignis befristen, einen Prozess zyklisch oder einmalig zu einem bestimmten Zeitpunkt starten. Ein Echtzeitbetriebssystem muss dazu einen internen Zeitzähler besitzen. Dieser wird üblicherweise über die sogenannte "line-clock" getrieben. Die "line-clock" ist ein Peripheriegerät, das in fixen Zeitabschnitten Interrupt-Signale an einen Prozessor sendet. Ein solches Interrupt-Signal muss auf die im vorhergehenden Abschnitt beschriebene Art behandelt werden. In der zugehörigen Interrupt-Routine werden der interne Zeitzähler nachgeführt und Zeitbedingungen überprüft und allenfalls gemeldet.

6.3 Höhere Echtzeitsprachen

In diesem Kapitel werden ausschliesslich höhere Sprachen betrachtet. Das Attribut "höher" wird deshalb im folgenden weggelassen.

6.3.1 Unterschiede zwischen gewöhnlichen und Echtzeitsprachen

Mit "gewöhnlichen" Sprachen seien im folgenden Sprachen gemeint wie zum Beispiel FORTRAN oder PASCAL. Ein in einer solchen Sprache geschriebenes Programm stellt einen rein sequentiellen Ablauf dar. Es beschreibt also genau einen Prozess. Ein in einer Echtzeitsprache geschriebenes Programm stellt hingegen üblicherweise eine Menge von sequentiellen Abläufen dar. Es kann also mehrere Prozesse enthalten, die parallel ablaufen. Dies kann direkt im Programm-Listing sichtbar sein:

```
sequentielles Programm:           paralleles Programm:
------------------------          ----------------------

PROGRAM S;                        PROGRAM P;
    ...                               PROCESS P1;
    BEGIN                             BEGIN
    ...                                   ...
    ...                               END P1;
    ...
    ...                               PROCESS P2;
    END S.                            BEGIN
                                          ...
                                      END P2;

                                      ...

                                  END P.
```

Die parallel ablaufenden Prozesse in einem Echtzeitprogramm arbeiten normalerweise in irgendeiner Form zusammen. Dazu können sie Synchronisationsfunktionen von der im Abschnitt 6.2.2.3 beschriebenen Art benutzen. Gewisse Sprachen bieten noch weitere Synchronisationswerkzeuge an. So können zum Beispiel Programmbereiche definiert werden, in denen zu jedem Zeitpunkt höchstens ein Prozess arbeiten darf. Gegenseitiger Ausschluss kann dann sehr einfach realisiert werden, indem man kritische Abschnitte in solche Programmbereiche verlegt.

6.3 Höhere Echtzeitsprachen

In gewöhnliche Sprachen können keine zeitlichen Bedingungen formuliert werden. Die Programme laufen zeitunabhängig ab. In Echtzeitsprachen hingegen lassen sich zeitliche Bedingungen formulieren. So lässt sich zum Beispiel ein Prozess an irgendeiner Stelle um ein bestimmtes Zeitintervall oder bis zu einem bestimmten Zeitpunkt verzögern. Durch Festlegung der Prioritäten der einzelnen Prozesse kann erreicht werden, dass bestimmte Tätigkeiten in vorgeschriebenen Zeitabschnitten ausgeführt werden. Zeitliche Bedingungen lassen sich üblicherweise durch Aufruf von Wartefunktionen formulieren (Beispiel: WARTEN(Dauer)). Programme in gewöhnlichen Sprachen laufen unabhängig von externen Ereignissen ab. Das Prozessgeschehen in einem Echtzeitprogramm hingegen wird beeinflusst von externen Ereignissen, wie zum Beispiel Interrupt-Signalen von Peripheriegeräten. Echtzeitsprachen müssen deshalb Werkzeuge zur Verfügung stellen, mit denen externe Ereignisse registriert werden können. Oft können an Interrupt-Signale "geknüpfte" Wartefunktionen aufgerufen werden wie zum Beispiel: WARTEN(Interrupt_von_AD_Wandler). Ein Prozess wird in einer solchen Wartefunktion verzögert, bis das entsprechende Interrupt-Signal eintrifft.

6.3.2 Beispiele von Echtzeitsprachen

Typische Echtzeitsprachen sind zum Beispiel Ada [10], PEARL [7], PORTAL [4]. Auch die Sprache Modula-2 [5] kann bei Echtzeitproblemen angewendet werden. Sie ist aber eher für Systemprogrammierung geeignet. Als Beispiel sei hier die Sprache PORTAL betrachet. Sie wird jedoch hier nicht ausführlich vorgestellt. Eine genauere Beschreibung findet sich in [4].

Die Echtzeitprogrammiersprache PORTAL

PORTAL (Process Oriented Real-Time Algorithmic Language) ist eine eng mit einem darunterliegenden Betriebssystem verknüpfte Sprache. Beim Entwurf wurde das Schwergewicht auf Modularität, Einfachheit und Sicherheit von PORTAL-Programmen gelegt.

Die wichtigsten Strukturelemente:

Der Ursprung jeder Rechenaktivität in einem PORTAL-Programm ist ein Prozess (PROCESS). Ein PORTAL-Programm enthält eine feste Anzahl Prozesse. Diese sind im Programm-Listing direkt ersichtlich (Schlüsselwort PROCESS).

Prozesse arbeiten grundsätzlich in zwei Arten von Umgebungen, in Modulen (MODULE) oder Monitoren (MONITOR). In Modulen können mehrere Prozesse gleichzeitig aktiv sein, in Monitoren jedoch höchstens einer. In Monitoren können Prozesse deshalb in kontrollierter Weise Information austauschen. Bei den Synchronisationswerkzeugen wird näher darauf eingegangen. Prozesse arbeiten in Modulen (Monitoren), indem sie entweder direkt darin deklariert sind, oder indem sie diese dynamisch durch Aufruf von darin deklarierten Routinen betreten.

Routinen stellen die nächste Ebene der Strukturierung unterhalb der Modul-Ebene dar. Module und Monitoren können Routinen enthalten. Umgekehrt können Routinen aber weder Module noch Monitore enthalten. Routinen können von Prozessen direkt oder über andere Routinen aufgerufen werden. Sie sind grundsätzlich reentrant, d.h. ihr Code kann gleichzeitig von mehreren Prozessen ausgeführt werden, ausser dies wird durch einen Monitor verhindert. Man unterscheidet drei Arten von Routinen: Prozeduren (PROCEDURE), Funktionen (FUNCTION) und Ressourcen (RESOURCE). Prozeduren und Funktionen haben ähnliche Eigenschaften wie in PASCAL. Auf Ressourcen wird bei den Synchronisationswerkzeugen noch näher eingegangen.

Unterhalb der Routinen-Ebene bilden die Anweisungen (statements) die letzte Ebene der Strukturierung. Diese Anweisungen sind denjenigen in PASCAL sehr ähnlich. Module, Monitoren, Prozesse und Routinen sind vorerst von ihrer Umgebung unabhängige Objekte. Allfällige Abhängigkeiten müssen explizit in einer Schnittstellendeklaration (USES-Liste, DEFINES-Liste) angegeben werden.

Synchronisationswerkzeuge:

PORTAL stellt die beiden Synchronisationswerkzeuge Monitor (MONITOR) und Signal (SIGNAL) zur Verfügung. Der Monitor stellt einen Raum dar, in dem zu jedem Zeitpunkt höchstens ein Prozess aktiv sein darf. Gegenseitiger Ausschluss lässt sich sehr einfach und sicher realisieren, indem kritische Abschnitte in entsprechende Monitoren verlegt werden. Damit ersetzt der Monitor bei der Programmierung kritischer Abschnitte das Funktionspaar P(S) und V(S). Dies soll am klassischen Beispiel des Produzenten-Konsumenten-Systems verdeutlicht werden: Ein produzierender Prozess und ein konsumierender Prozess arbeiten über einen Puffer zusammen. Sie dürfen nicht gleichzeitig auf den Puffer zugreifen. Im folgenden wird dieses System einmal mit den Funktionen P(S) und V(S) und einmal mit einem Monitor programmiert.

6.3 Höhere Echtzeitsprachen

```
-------------------------|-------------------------------------
Programmierung mit den   | Programmierung mit
Funktionen P(S) und V(S) | einem Monitor
-------------------------|-------------------------------------
                         |
PROCEDURE einfuegen(...);| MONITOR Pufferverwaltung;
...                      |   DEFINES einfuegen,entfernen;
                         |
PROCEDURE entfernen(...);|   PROCEDURE einfuegen(...);
...                      |   ...
                         |
PROCESS Produzent;       |   PROCEDURE entfernen(...);
...                      |   ...
LOOP                     | END Pufferverwaltung;
...                      |
  P(S_Puffer);           | PROCESS Produzent;
  einfuegen(...);        | ...
  V(S_Puffer);           | LOOP
...                      |   ...
END LOOP;                |   Pufferverwaltung.einfuegen(...);
END Produzent;           |   ...
                         | END LOOP;
PROCESS Konsument;       | END Produzent;
...                      |
LOOP                     | PROCESS Konsument;
...                      | ...
  P(S_Puffer);           | LOOP
  entfernen(...);        |   ...
  V(S_Puffer);           |   Pufferverwaltung.entfernen(...);
...                      |   ...
END LOOP;                | END LOOP;
END Konsument;           | END Konsument;
-------------------------|-------------------------------------
```

Ein korrekt programmierter Monitor garantiert, dass der Reservations- und Freigabemechanismus richtig arbeitet, unabhängig davon, ob die Benutzerprozesse korrekt programmiert sind oder nicht. Diese Sicherheit ist bei Verwendung der Funktionen P(S) und V(S) nicht gegeben. Ein fehlerhaft programmierter Benutzerprozess kann zum Beispiel einen kritischen Abschnitt betreten, ohne vorher die Funktion P(S) aufzurufen. Dies wird fatale und schwer lokalisierbare Fehler in der Zusammenarbeit der Prozesse zur Folge haben.

Das Signal als zweites Synchronisationswerkzeug dient der Realisierung synchroner Abhängigkeiten. Prozesse können mit Hilfe der Standardfunktionen SEND und WAIT Signale senden beziehungsweise darauf warten. Die Funktionen SEND und WAIT sind also vergleichbar mit den Funktionen P(S) und V(S). Ein wesentlicher Unterschied besteht aber darin, dass Signale im Gegensatz zu Semaphorvariablen nicht speicherbar sind. Sendet ein Prozess ein Signal und wartet im Moment kein anderer Prozess darauf, so "verpufft" dieses. Warten aber Prozesse auf dieses Signal, so wird der am längsten wartende "angestossen".

Im Zusammenhang mit den Synchronisationswerkzeugen ist auch noch die Ressource (RESOURCE) zu erwähnen. Dies ist eine spezielle Routine, die zur sicheren und einfachen Lösung des sogenannten Resource-Sharing-Problems ("Regelung der Zuteilung gemeinsam benützter Betriebsmittel") dient. Sie ist vor allem nützlich bei der Realisierung komplizierterer Prozesssynchronisationen.

Formulierung zeitlicher Bedingungen:

Zeitliche Bedingungen können mit Hilfe von Signalen und der Funktion WAIT ausgedrückt werden.

Beispiel: SIGNAL Ereignis;   (* Signal Deklaration *)
...
Ereignis.WAIT(DELAY==Frist, TIMEOUT==zu_spaet);

Wird das Signal "Ereignis" nicht innerhalb des Intervalles "Frist" gesendet, so sendet der versteckte Prozess "Uhr" (line clock) dieses Signal. Dies wird angezeigt, indem die Variable "zu_spaet" den Wert TRUE annimmt.

Externe Ereignisse:

Externe Ereignisse können mit Hilfe von Signalen erkannt werden. Dazu wird ein Signal bei der Deklaration mit dem entsprechenden Interrupt-Signal verknüpft.

Beispiel: SIGNAL AD_Wandler_Interrupt [Adresse] ;

Dabei bezeichnet "Adresse" den Ort im Speicher, an dem eine zum betreffenden Interrupt-Signal gehörende Interrupt-Routine angegeben wird. Prozesse können mit Hilfe der Standardfunktion WAIT auf solche Signale warten. Beim Eintreffen des Interrupt-Signales wird dieses vom PORTAL-Betriebssystem in ein entsprechendes PORTAL-Signal abgebildet.

6.3.3 Anwendungsgebiete

Echtzeitsprachen werden hauptsächlich auf dem Gebiet der Prozesssteuerung und -regelung eingesetzt. Hier spielen zeitliche Abläufe eine wichtige Rolle. Es muss auf externe Ereignisse, wie zum Beispiel Betätigung von Endschaltern usw. reagiert werden. Weiter sind mehrere Aufgaben (Regel-, Steuer- und Ueberwachungsaufgaben) gleichzeitig zu lösen.

6.4 Echtzeitprogrammierung auf Assemblerstufe

6.4.1 Allgemeines

In der Echtzeitprogrammierung auf Assemblerstufe kann man zwei verschiedene Verfahren unterscheiden:

1) Es existiert ein Echtzeitbetriebssystem mit einer Ablaufsteuerung von der im Abschnitt 6.2 beschriebenen Art. Dieses ist in Assembler geschrieben. Der Benutzer schreibt sein Programm ebenfalls in Assembler und benützt dabei verschiedene Subroutinen und Makros des Echtzeitbetriebssystems.

2) Es existiert kein Betriebssystem mit der oben erwähnten Ablaufsteuerung. Das Echtzeitprogramm wird in Assembler geschrieben. Die Ablaufsteuerung ist jeweils Bestandteil der Echtzeitaufgabe und wird zusammen mit dieser gelöst.

Das erste Verfahren bringt keine grundsätzlich neuen Probleme. Die Unterschiede zur Echtzeitprogrammierung in höheren Sprachen sind programmtechnischer Natur. Dieses Verfahren wird hier nicht weiter betrachtet. Das zweite Verfahren verlangt, dass bei jeder Echtzeitaufgabe eine der jeweiligen Aufgabe angepasste Ablaufsteuerung realisiert wird. Man verwendet dazu das Interrupt-System des Prozessors. Diese Art von Echtzeitprogrammierung ist eng mit der Interrupt-Programmierung verknüpft. Sie wird im wesentlichen nur bei Einprozessorsystemen angewendet. Die folgenden Ausführungen beziehen sich deshalb auf Einprozessorsysteme.

6.4.2 Das Interrupt-System

Mit Hilfe des Interrupt-Systems kann ein Prozessor von aussen her bei seiner momentanen Tätigkeit unterbrochen und zu einer anderen Tätigkeit veranlasst werden. Beim Eintreffen des Interrupt-Signales geschieht folgendes: Sobald der Prozessor auf einer tieferen Priorität als derjenigen des Interrupt-Signales arbeitet, beendet er vorerst die in Ausführung begriffene Instruktion und unterbricht dann seine momentane Tätigkeit. Der Prozessorzustand (Programmzähler und ein sog. Prozessorstatuswort) wird auf einem Stack abgespeichert. Der Prozessor beginnt nun die Ausführung einer durch das Interrupt-Signal bestimmten Interrupt-Routine. Bei der Abarbeitung dieser Routine kann er erneut von einem Interrupt-Signal unterbrochen werden, falls dessen Priorität hoch genug ist. Ist die Interrupt-Routine beendet, so wird der vorher abgespeicherte Prozessorzustand wieder zurückgeladen und die unterbrochene Tätigkeit fortgesetzt.

Es gibt auch Prozessoren, die sich selbst Interrupt-Signale senden können. Man spricht dann von Software-Interrupts. Interrupt-Signale können selektiv oder gesamthaft ausgeschaltet ("verboten") werden. Wird ein momentan ausgeschaltetes Interrupt-Signal gesendet, dann bleibt es gespeichert, bis es eingeschaltet ("erlaubt") und hierauf behandelt wird. Vereinfachend wird im folgenden ein Interrupt-Signal erst dann als "beim Prozessor eintreffend" betrachtet, wenn es erlaubt und gesendet wird. Es spielt dabei keine Rolle, ob es zuerst erlaubt und dann gesendet wird oder umgekehrt.

6.4.3 Prozesse in Echtzeit-Assemblerprogrammen

Ein Echtzeit-Assemblerprogramm besteht aus einem Hintergrundprogramm und aus einer Reihe von Interrupt-Routinen. Das Hintergrundprogramm bildet einen Hintergrundprozess. Die Interrupt-Routinen bilden die sogenannten Interrupt-Prozesse.

Das Prozesszustandsdiagramm ergibt sich aus demjenigen von Bild 6.1 durch Weglassen des Zustandes "nicht existent" und der zugehörigen Uebergänge. Der Hintergrundprozess hat die tiefste Priorität. Dieser kann nur die Zustände "laufend" und "bereit" einnehmen. Ein Interrupt-Prozess ist im allgemeinen ein zyklischer Prozess, d.h. er durchläuft wiederholt den gleichen Abschnitt. Am Ende eines Durchlaufs (Zyklus) betritt er jeweils den Zustand "blockiert". Dort wartet er auf das nächste Interrupt-Signal. Nach dem Eintreffen wechselt er in den Zustand "bereit". Sobald ihm dann der Prozessor zugeteilt wird, beginnt er einen neuen Zyklus.

Prozessumschaltungen werden mit dem in Abschnitt 6.4.2 beschriebenen Interrupt-Mechanismus durchgeführt. Es wird eine dringlichkeitsgesteuerte Umschaltstrategie mit Verdrängung realisiert. Die Prozessdeskriptoren sind auf die Komponente "Prozessorzustand" reduziert. Sie werden durch den Interrupt-Mechanismus verwaltet. Ein typischer Programmablauf kann zum Beispiel wie in Bild 6.15 aussehen.

6.4 Echtzeitprogrammierung auf Assemblerstufe

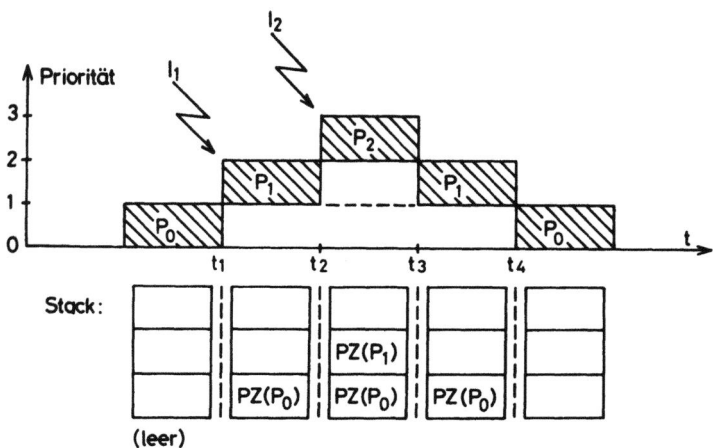

Bild 6.15 Typischer Ablauf bei Verwendung des Interrupt-Mechanismus

Legende:

$t < t_1$: Hintergrundprozess P_0 läuft, hat niedrigste Priorität

$t = t_1$: Interrupt-Prozess P_1 unterbricht P_0, ausgelöst durch Interrupt-Signal I_1

$t = t_2$: Interrupt-Prozess P_2 unterbricht P_1, ausgelöst durch Interrupt-Signal I_2

$t = t_3$: Interrupt-Prozess P_2 blockiert sich (beendet einen Zyklus), P_1 wird fortgesetzt

$t = t_4$: Interrupt-Prozess P_1 blockiert sich (beendet einen Zyklus), P_0 wird fortgesetzt

$PZ(P_i)$: auf Stack abgespeicherter Prozessorzustand des Prozesses P_i

6.4.4 Prozesssynchronisation

Gegenseitiger Ausschluss:

Bei einem Einprozessorsystem lässt sich gegenseitiger Ausschluss am einfachsten realisieren, wenn die folgende Bedingung erfüllt wird: Ein Prozess P, der einen kritischen Abschnitt besetzt hält, darf nicht von Prozessen unterbrochen werden, die den gleichen kritischen Abschnitt besetzen wollen. Man kann dazu diejenigen Interrupt-Signale ausschalten, die solche Prozesse lauffähig machen. Sind aber solche Prozesse lauffähig, dann muss die Priorität von P innerhalb des kritischen Abschnittes immer so hoch sein, dass keiner dieser Prozesse unterbrechen kann. Gegenseitiger Ausschluss lässt sich nach diesen Ueberlegungen wie folgt programmieren:

- Interrupt-Signale soweit nötig ausschalten und/oder Priorität heraufsetzen
- (* Anweisungen des kritischen Abschnittes *)
- Interrupt-Signale soweit nötig einschalten und/oder Priorität herabsetzen

Synchrone Abhängigkeit:

Synchrone Abhängigkeit kann auf zwei verschiedene Arten realisiert werden. Sehr häufig programmiert man für den einen Prozess eine Warteschleife, in der dieser wartet, bis ein bestimmtes Flag gesetzt wird. Ein anderer Prozess mit einer höheren Priorität kann dieses Flag setzen. Seltener verwendet man Software-Interrupts. Ein Prozess wartet dabei auf ein bestimmtes Interrupt-Signal. Dieses wird von einem anderen Prozess gesendet (Software-Interrupt).

6.4.5 Externe Ereignisse und Einbezug der Echtzeit

Externe Ereignisse werden über den Interrupt-Mechanismus erkannt. Sie deblockieren die oben diskutierten Interrupt-Prozesse. Der Einbezug der Echtzeit geschieht auf die im Abschnitt 6.2.2.5 beschriebene Art.

6.4.6 Beispiele und Anwendungsgebiete

Echtzeitprobleme werden vorwiegend dann auf Assemblerstufe gelöst, wenn es sich um zeitkritische Probleme handelt. Lösungen auf Assemblerstufe arbeiten normalerweise wesentlich schneller als die betreffenden Lösungen mit höheren Echtzeitsprachen. Dies ist hauptsächlich auf die einfachere und damit schnellere Ablaufsteuerung zurückzuführen. Insbesondere sind Prozesssynchronisationen und Prozessumschaltungen mit Hilfe des Interrupt-Systems wesentlich schneller als solche, die über ein Betriebssystem gemäss Abschnitt 6.2 durchgeführt werden. Weiter trägt auch die Anpassung der Ablaufsteuerung an die jeweilige Echtzeitaufgabe zu einer Geschwindigkeitserhöhung bei. Häufig werden auch Ein- und Ausgabeprobleme auf Assemblerstufe gelöst. Dies gilt besonders für die Gerätetreiber (driver).

6.4 Echtzeitprogrammierung auf Assemblerstufe

Das folgende Beispiel soll die Echtzeitprogrammierung auf Assemblerstufe noch etwas verdeutlichen: Es sei ein Programm zu erstellen, das Daten von einem Massenspeicher einliest und diese sequentiell verarbeitet. Damit Peripheriegerät und Zentraleinheit parallel arbeiten können, werden die Daten gemäss dem Schema von Bild 6.16 intern gepuffert.

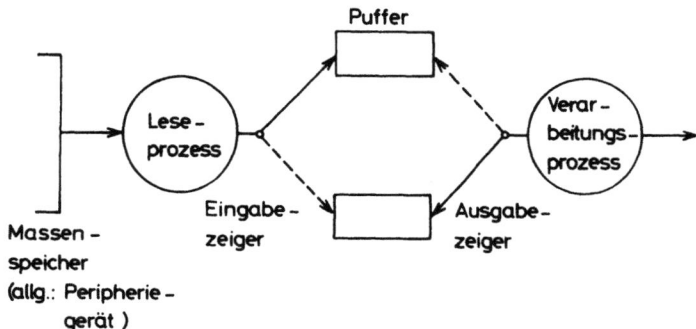

Bild 6.16 Parallele Eingabe und Verarbeitung mit Doppelpufferung

Die Puffergrösse wird im allgemeinen auf die Eigenschaften der Peripheriegeräte abgestimmt. Der Leseprozess ist ein Interrupt-Prozess, weil er mit einem Peripheriegerät zusammenarbeitet. Der Verarbeitungsprozess ist der Hintergrundprozess. Es sind folgende Synchronisationsprobleme zu lösen:

- gegenseitiger Ausschluss:
  Die beiden Prozesse dürfen nicht gleichzeitig mit dem gleichen Puffer arbeiten.

  Lösung: Der Verarbeitungsprozess schaltet Ausgabezeiger und Eingabezeiger um. Während dieser Zeit darf er nicht vom Leseprozess unterbrochen werden (Eingabezeiger ist gemeinsam benütztes Objekt). Dazu wird das Interrupt-Signal des Peripheriegerätes ausgeschaltet.

- synchrone Abhängigkeit:
  Wenn der Verarbeitungsprozess einen Puffer geleert hat, darf er Ein- und Ausgabezeiger erst dann umschalten, wenn der Leseprozess den anderen Puffer gefüllt hat.

  Lösung: Der Verarbeitungsprozess wartet in einer Warteschleife auf die Erfüllung der obigen Bedingung.

Nach diesen Ueberlegungen lassen sich die beiden Prozesse nun gemäss dem Flussdiagramm von Bild 6.17 programmieren.

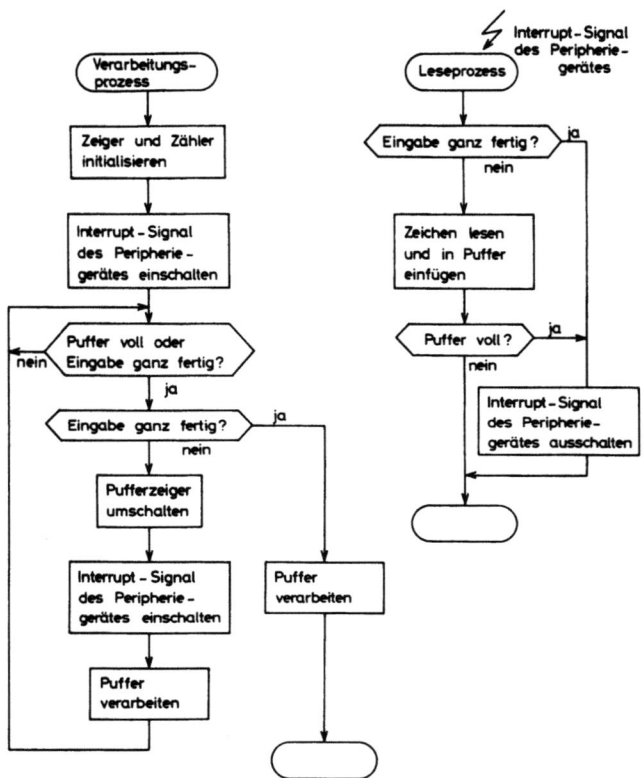

Bild 6.17 FD für Dateneingabe und -verarbeitung auf Assemblerstufe

6.5 Literaturverzeichnis zu Kapitel 6

[1] Lalive D'Epinay Th.: Vorlesung Prozessrechner, Institut für Automatik der ETH-Zürich.

[2] Wettstein H.: Aufbau und Struktur von Betriebssystemen, Carl Hanser Verlag, München, Wien 1978.

[3] Mühlemann K.: Ein Beitrag zur Synchronisation in Mehrprozessorsystemen und Computernetzwerken, Diss. ETH Nr. 6520.

[4] Nägeli H.H.: Programmieren in PORTAL, Landis & Gyr, Zug.

[5] Wirth N.: Programming in Modula-2. Springer 1983.

6.5 Literaturverzeichnis zu Kapitel 6

[6] European Workshop on Industrial Computer Systems. Technical Committee on Real Time Operating Systems : TC8 Up to date Report. April 1982.

[7] Werum W., Windauer H.: PEARL Process and Experiment Automation Realtime Language. Vieweg 1978.

[8] Pieper F.: Einführung in die Programmierung paralleler Prozesse. Oldenburg 1977.

[9] Sprecher P.: Ada, Modula-2, PORTAL Einige Gemeinsamkeiten und Unterschiede. Report 82-02, Institut für Automatik und Industrielle Elektronik der ETHZ 1982.

[10] Ledgard H.: Ada , An Introduction and Reference Manual. Springer 1980.

[11] Maier G.: Modula-2 Echtzeitbetriebssystem MODEB V2 Bedienungsanleitung und Installationsbeschreibung. Institut für Automatik und Industrielle Elektronik der ETHZ August 1983.

7 Beispiele zur Anwendung von Echtzeitsprachen

Die Echtzeitsprache PORTAL wurde im Abschnitt 6.3.2 vorgestellt. Hier soll nun gezeigt werden, wie man diese Sprache bei der Programmierung von Steuerungen und Regelungen einsetzen kann. Im ersten Beispiel wird eine einfache Abtastregelung betrachtet. Es wird ein Regelprogramm mit einem PI-Regler entwickelt und bei der Regelung einer einfachen Strecke angewendet. Das zweite Beispiel zeigt, wie eine komplexere Abtastregelung etwa aussehen kann. Die Entwicklung eines Regelprogrammes mit einem Adaptivregler wird grob skizziert. Ein solches Regelprogramm wird dann zur Regelung eines Servosystems eingesetzt. Im dritten Beispiel wird die Programmierung einer Steuerung für eine kleine Modelleisenbahn kurz skizziert.

7.1 Eine einfache Abtastregelung

Es soll eine Abtastregelung mit einem Blockdiagramm gemäss Bild 7.1 realisiert werden. Bei dieser Abtastregelung lassen sich die Reglerparameter und die Abtastzeit im Betrieb verstellen.

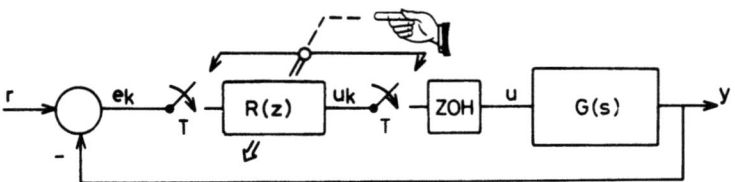

Bild 7.1 Blockdiagramm einer einfachen Abtastregelung mit Reglerverstellung im Betrieb

Eine solche Abtastregelung lässt sich gemäss dem Geräteschema in Bild 7.2 realisieren. Ein Prozessrechner übernimmt die eigentliche Regelung sowie die Reglerverstellung über ein Terminal. An den Rechner sind ein AD-Wandler, ein DA-Wandler und eine Uhr angeschlossen. Der AD-Wandler sendet am Ende einer Wandlung jeweils ein Interrupt-

7.1 Eine einfache Abtastregelung

Signal an den Rechner. Nach einem solchen Interrupt-Signal stehen die gewandelten Werte in den AD-Wandler-Registern bereit. Der AD-Wandler wird von der Uhr getriggert. Die Trigger-Periode kann vom Rechner her eingestellt werden. Ueber den DA-Wandler können Stellgrössen an den Prozess abgegeben werden.

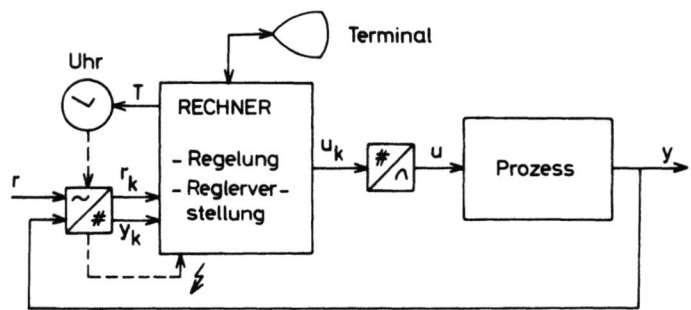

Bild 7.2 Geräteschema zur Realisierung einer Abtastregelung

7.1.1 Anforderungen an das Regelprogramm

An das Regelprogramm werden hier die folgenden Anforderungen gestellt:

- Nach jedem Interrupt des AD-Wandlers ist der Regelalgorithmus zu durchlaufen. Man muss Soll- und Istwert einlesen, eine neue Stellgrösse berechnen und ausgeben.

- Auf Wunsch des Benutzers sind Parameteränderungen über die Konsole durchzuführen.

- Für den Benutzer sind auch Protokolle nützlich. Sie sollen ihm Einblick in den momentanen Zustand des Regelsystems gewähren.

- Schliesslich muss das Regelprogramm auch ein korrektes Aufstarten des Regelsystems garantieren. Es ist z.B. zu verhindern, dass die Uhr gestartet wird, bevor die Reglerparameter definiert wurden. Damit das Programm flexibel einsetzbar wird, soll man beim Aufstarten die Kanalnummern von AD- und DA-Wandler wählen können.

Es wird hier angenommen, die Treiber-Prozesse für alle benötigten Peripheriegeräte seien bereits vorhanden. Es seien Module mit Routinen zur Bedienung dieser Geräte.

7.1.2 Entwurf einer Programmstruktur

Es ist zweckmässig, zuerst zu überlegen, welche Prozesse im Regelprogramm etwa auftreten können. Dabei sollen allfällige Treiber-Prozesse nicht interessieren. Eine vernünftige Wahl der Prozesse ergibt sich gemäss folgendem Vorschlag:

Man stellt die Tätigkeiten zusammen, die gleichzeitig ausgeführt werden müssen, oder die weitgehend unabhängig sind und gleichzeitig ausgeführt werden können.

Im vorliegenden Fall treten zwei solche Tätigkeiten auf. Einerseits muss nach jedem Interrupt des AD-Wandlers die eigentliche Regelung erfolgen. Anderseits müssen Benutzerbefehle wie z.B. Parameteränderungen, Protokolle usw. entgegengenommen und ausgeführt werden. Die erste Tätigkeit wird einem Prozess "Regler", die zweite einem Prozess "Operator" zugeordnet. Der Einfachheit halber werden diese Prozesse im folgenden oft direkt mit ihrem Namen bezeichnet.

Nun wird die Zusammenarbeit der Prozesse betrachtet. Die einzige Zusammenarbeit zwischen "Regler" und "Operator" besteht hier darin, dass der "Operator" die Parameter des "Reglers" setzt. Dabei ist zu gewährleisten, dass der "Operator" die Reglerparameter nicht gerade dann setzt, wenn der "Regler" damit arbeitet. Der "Regler" arbeitet mit diesen Parametern beim Durchlaufen des Regelalgorithmus. Das Setzen der Reglerparameter und das Durchlaufen des Regelalgorithmus sind also kritische Sektionen. Diese beiden Tätigkeiten sind deshalb in einen Monitor zu verlegen. Damit lässt sich die in Bild 7.3 dargestellte Grobstruktur ansetzen.

Das Programm enthält die beiden Prozesse "Regler" und "Operator". Ein Monitor "Regelung" stellt die beiden Prozeduren "regeln" (Regelalgorithmus durchlaufen) und "parametersetzen" zur Verfügung. Er garantiert den gegenseitigen Ausschluss dieser beiden Tätigkeiten. Der "Regler" übernimmt jeweils neue Abtastwerte vom AD-Wandler, sobald diese verfügbar sind. Anhand dieser Abtastwerte berechnet er in der Prozedur "regeln" eine neue Stellgrösse und übergibt diese an den DA-Wandler. Der "Operator" liest auf Wunsch des Benutzers neue Parameter von der Konsole ein und stellt daraus einen Parametersatz zusammen. Eventuell müssen die Parameter auch vorverarbeitet werden. Sobald der Parametersatz vollständig ist, ruft er die Prozedur "parametersetzen" auf. Dort ersetzt er den Parametersatz des "Reglers" durch den neuen Satz. Falls der Benutzer eine neue Abtastzeit spezifiziert hat, muss der "Operator" auch die Trigger-Periode der Uhr entsprechend setzen.

7.1 Eine einfache Abtastregelung

In eckigen Klammern sind die Prioritäten der Prozesse bzw. Monitor-Aktivitäten angegeben. Die Priorität des "Reglers" muss höher sein als diejenige des "Operators", da eine korrekte Regelung der Strecke Vorrang hat gegenüber den Eingriffen des Benutzers. Beim Arbeiten im Monitor "Regelung" haben beide Prozesse die gleiche Priorität. Der Zeitbedarf für das Abarbeiten der Prozedur "parametersetzen" ist deshalb klein zu halten. Während nämlich der "Operator" in dieser Prozedur arbeitet, besetzt er den Monitor "Regelung" und blockiert damit eventuell den "Regler".

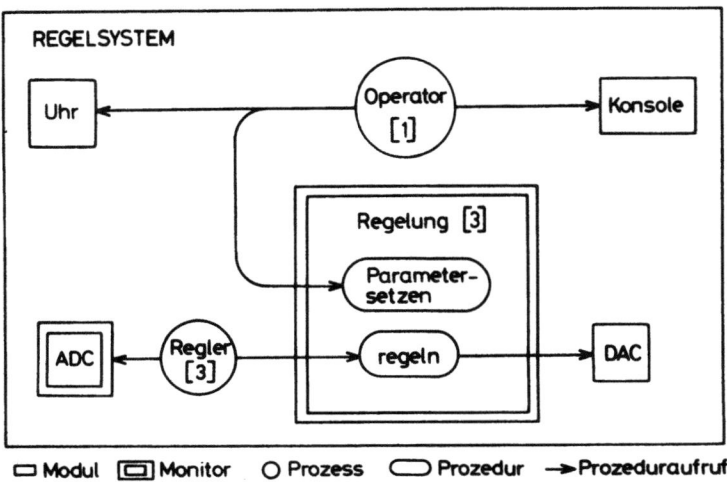

Bild 7.3 Grobstruktur eines einfachen Regelprogrammes

Die obige Grobstruktur soll nun noch etwas verfeinert werden. Das Erstellen von Protokollen soll auch noch einbezogen werden. Die Protokolle sollen zunächst lediglich die momentan benützten Reglerparameter aufzeigen. Das Einlesen, Aufbereiten und Ausdrucken der Reglerparameter sind reglerspezifische Aufgaben. Je nach Reglertyp sind unterschiedliche Grössen zu verarbeiten. Es ist deshalb sinnvoll, die Lösungen dieser Aufgaben zusammen mit dem Prozess "Regler" und dem Monitor "Regelung" in ein Modul zu verpacken. Damit ergibt sich die in Bild 7.4 dargestellte Programmstruktur.

In der Prozedur "parameteraendern" werden nun Parameter einzeln von der Konsole eingelesen und zu einem neuen Parametersatz zusammengestellt. Anschliessend wird durch Aufruf der Prozedur "parametersetzen" der Parametersatz des "Reglers" durch den neuen Satz ersetzt.

132 7. Beispiele zur Anwendung von Echtzeitsprachen

Entsprechend wird bei der Protokollierung vorgegangen. In der
Prozedur "parameterlesen" wird der momentane Parametersatz als Ganzes
kopiert. In der Prozedur "parameterdrucken" werden dann die Parameter
einzeln mit dem nötigen Kommentar versehen ausgedruckt.

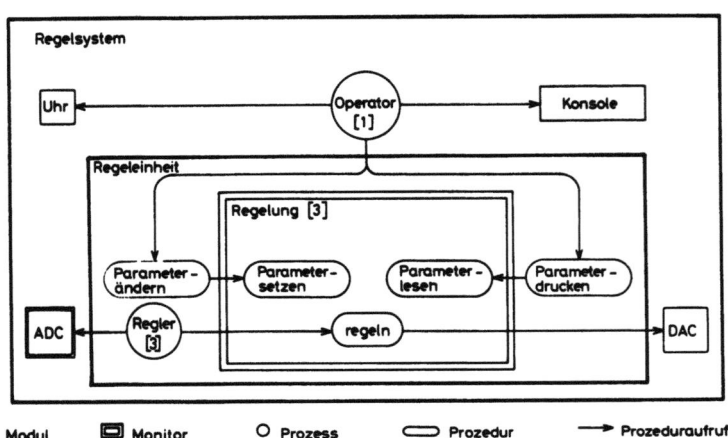

Bild 7.4 Struktur eines einfachen Regelprogrammes

Analog zu den Parametern können auch andere Grössen geändert oder
ausgedruckt werden (z.B. Kanalnummern, Zustandsgrössen des Reglers,
Fehler). Das Modul "Regeleinheit" enthält dann den gesamten "Regler"
mit Prozeduren zur einfachen Manipulation und Inspektion desselben.
Dank diesem Modul wird die zum "Regler" gehörende Information
möglichst lokal zu diesem gehalten. Der "Regler" kann damit auch in
andern Programmen leicht eingesetzt werden.

7.1.3 Innere Struktur der Prozesse und Routinen

Nun soll die innere Struktur der in Bild 7.4 auftretenden Prozesse
und Routinen entwickelt werden. Dabei soll ein PI-Regler implementiert werden. Die Strukturen für andere einfache Regler werden aber
ähnlich sein.

Der allgemein bekannte kontinuierliche PI-Regler hat die Form:

$$u(t) = K \cdot (e(t) + \frac{1}{T_i} \int_0^t e(x).dx\ )$$

Der entsprechende, auf Digitalrechnern implementierbare diskrete PI-
Regler hat die Form [4] :

7.1 Eine einfache Abtastregelung

$$u(k) = u(k-1) + q_o * e(k) + q_1 * e(k-1)$$

wobei: $q_o = K(1 + 0.5 * T_o/T_i)$
$q_1 = -K(1 - 0.5 * T_o/T_i)$
T_o = Abtastzeit

Die Parameter K und T_i des kontinuierlichen PI-Reglers sind für den Benutzer leichter interpretierbar als die Koeffizienten q_o und q_1 des diskreten. Der "Operator" soll deshalb nach der Verstärkung K und der Zeitkonstanten T_i fragen und daraus die Parameter q_o und q_1 berechnen (Vorverarbeitung der Reglerparameter).

Mit den bisher gewonnenen Erkenntnissen kann man nun die folgenden Struktogramme für die verschiedenen Prozesse und Routinen aufstellen.

Prozess "Regler":

```
+-------------------------------+
| Kanalnummern übernehmen       |
|-------------------------------|
| loop                          |
|  +----------------------------|
|  | neue Abtastwerte einlesen  |
|  |----------------------------|
|  | ( ) Regelung.regeln        |
|  +----------------------------|
| end loop                      |
+-------------------------------+
```

Prozess "Operator":

Prozedur "Regeleinheit.reglerstarten":

```
+----------------------------------------------+
| Kanalnummer verlangen, einlesen und          |
| dem Prozess "Regler" übergeben.              |
|----------------------------------------------|
| ( ) parameterändern                          |
|----------------------------------------------|
| Triggersystem (AD-Wandler und Uhr) starten   |
+----------------------------------------------+
```

Prozedur "Regeleinheit.parameterändern":

```
+----------------------------------------------+
| Abtastzeit T₀ verlangen und einlesen         |
|----------------------------------------------|
| Verstärkung K verlangen und einlesen         |
|----------------------------------------------|
| Zeitkonstante T₁ verlangen und einlesen      |
|----------------------------------------------|
| Parameter q₀ und q₁ berechnen                |
|----------------------------------------------|
| ( ) Regelung.parametersetzen                 |
+----------------------------------------------+
```

Prozedur "Regeleinheit.parameterdrucken":

```
+----------------------------------------------+
| ( ) Regelung.parameterlesen                  |
|----------------------------------------------|
| Parameter K₁, T₁, T₀, q₀, q₁  einzeln        |
| mit Kommentar ausdrücken                     |
+----------------------------------------------+
```

Prozedur "Regelung.parametersetzen":

```
+----------------------------------------------+
| Parametersatz := neuer Datensatz             |
|----------------------------------------------|
| neue Abtastzeit T₀ an Uhr einstellen         |
+----------------------------------------------+
```

Prozedur "Regelung.parameterlesen":

```
+----------------------------------------------+
| Aktueller Satz := Parametersatz              |
+----------------------------------------------+
```

7.1 Eine einfache Abtastregelung

<u>Prozedur "Regelung.regeln"</u>:

```
+--------------------------------------------------+
| u(k) := u(k) + q₀.e(k)                           |
|--------------------------------------------------|
| u(k) an DA-Wandler abgeben                       |
|--------------------------------------------------|
| u(k) := u(k) + q₁.e(k)      (Nächste Stell-      |
|                              Grösse vorbereiten) |
|--------------------------------------------------|
| allfällige Fehler (Zeitfehler, Ueber-            |
| steuerungen) registrieren.                       |
+--------------------------------------------------+
```

7.1.4 Datenstrukturen

Bevor man zur Codierung des Programmes schreitet, sollte man noch die wichtigsten Datenstrukturen festlegen. Wichtige Daten sind hier die Reglerparameter, die Zustandsgrössen des Reglers und die Kanalnummern. Für diese Daten sind etwa die folgenden Strukturen geeignet:

<u>Reglerparameter</u>:

```
RECORD
  K,Ti,T0: REAL;
  q0,q1: REAL;
END RECORD;
```

<u>Kanalnummern</u>:

```
RECORD
  Ref,Rueckf: AD_Kanalnummer;
  Ausgang: DA_Kanalnummer;
END RECORD;
```

<u>Zustandsgrössen des Reglers</u>: uk,ek: REAL;

7.1.5 Codierung und endgültiges Programm

Mit den bisherigen Vorarbeiten lässt sich das Regelprogramm ohne grössere Schwierigkeiten codieren. Auf den folgenden Seiten findet sich ein entsprechendes Quellenprogramm. In diesem Programm werden durchwegs englische Bezeichner benützt. Die Anweisung " !FILE=... " bedeutet, dass an dieser Stelle ein Teilprogramm eingefügt wird.

Die wichtigsten programmtechnischen Resultate werden kurz zusammengefasst:

- Zeitbedarf für Regelung auf LSI-11 : ca. 8 ms
- Programmgrösse:
  Code : ca. 12 K Bytes (für LSI-11)
  Source: 450 Zeilen + 950 Zeilen für Driver
- Compilationszeit:
  VAX-11/780, VMS, einziger Benutzer: ca. 2 min.

Vollständiges PI-Regelprogramm in PORTAL

```
MODULE PIControlSystem;
   (* This module is a program to control a plant by a PI-controller.
      The controller parameters can be modified online *)

(* include system types and constants specific to processor used *)
!FILE=SYSTEMTC.POR

(* include number-string conversion package *)
!FILE=NSCONVERS.POR

(* include console driver (single user version) *)
!FILE=TTDRVSGUS.PSA

(* include driver for programmable clock *)
!FILE=PCLOCK.PSA

(* include driver for AD-converter (single user version) *)
!FILE=ADCSGUSER.PSA

(* inlude driver for DA-converter *)
!FILE=DAC.PSA

(* include PI-controller *)
!FILE=PICONTRLR.POR

   PROCEDURE help;
      (* prints out instructions for operator *)
      USES CONSOLE;
      CODE
         WITH CONSOLE DO
            WRITELN('Program PIControlSystem:');
            WRITELN('-------------------------');
            WRITELN(' ');
            WRITELN('legal commands:');
            WRITELN('H   : help');
            WRITELN('S   : start controller');
            WRITELN('M   : modify controller parameters');
            WRITELN('TC  : type controller channels');
            WRITELN('TP  : type controller parameters');
            WRITELN('I   : inspect controller');
            WRITELN('A   : abort program execution');
            WRITELN(' ');
            WRITELN('When starting up the control system (command "S")');
            WRITELN('the AD- and DA-channels must be specified. Also a');
            WRITELN('first parameter set must be defined.');
            WRITELN(' ');
            WRITELN(' ');
         END WITH;
   END help;
```

7.1 Eine einfache Abtastregelung

```
PROCESS[1] operator;
  USES CONSOLE,PCLOCK,PIControlUnit,help;
  VAR
    answer: STRING(2);
    ErrorStr: STRING(80); (* error messages to operator *)
  CODE
    help;
    (* set PClock counter interval to 0.1ms -> 10**4 Hz *)
    PClock.init(FrequencyExp==4, ErrorStr::ErrorStr[..]);
    IF ErrorStr[1] <> ' '
    THEN FATAL(STRING('*** ',ErrorStr)); END IF;
    WITH CONSOLE, PIControlUnit DO
      LOOP
        WRITE('> ');
        READ(answer[..]);
        CASE answer[1]
          OF 'A': PIControlUnit.StopController;
          OF 'I': PIControlUnit.InspectController;
          OF 'H': help;
          OF 'M': PIControlUnit.ModifyParameters;
          OF 'S': PIControlUnit.StartController;
          OF 'T':
            IF answer[2] = 'C'
            THEN PIControlUnit.TypeChannels;
            ELSIF answer[2] = 'P'
            THEN PIControlUnit.TypeParameters;
            ELSE WRITELN('illegal command');
            END IF;
          ELSE WRITELN('illegal command');
        END CASE;
      END LOOP;
    END WITH;
  END operator;
END PIControlSystem;
```

```
(* PI-controller package                                                    *)
(* -------------------------------------------------------------------- *)

(* This package contains a PI-controller. It is assumed that          *)
(* this controller is the only process using the trigger system       *)
(* (PClock + ADC) and the DA-converter.                               *)
(* The channels for reference input, feedback input and               *)
(* controller output must be selected before starting the             *)
(* controller. These channels cannot be changed afterwards. The       *)
(* controller parameters can be modified on-line.                     *)

(* last update: 16-FEB-82                                             *)

MODULE PIControlUnit;
  DEFINES
    ModifyParameters,TypeParameters,TypeChannels,
    StartController,StopController,InspectController;
  USES PClock,ADC,DAC,CONSOLE;
  TYPE
    ChannelSetType =
    RECORD
      RefChl,FeedbackChl: ADC_ChannelNr;
      ContrOutpChl: DAC_ChannelNr;
    END RECORD;
    ParameterSetType =
    RECORD
      TOScaled: NATURAL;          (* scaled sampling time       *)
      K,Ti,TO,       (* gain, integrator constant, sampling time *)
      q0,q1: REAL;   (* auxiliar parameters (= f(K,Ti,TO))       *)
    END RECORD;
    TimingErrors =
    RECORD
      DelExec: INTEGER;    (* number of delayed executions *)
      LostSampl: INTEGER;  (* number of lost samples       *)
    END RECORD;
    OverdriveErrors =
    RECORD
      PosOverdr: INTEGER;  (* number of positive overdrives *)
      NegOverdr: INTEGER;  (* number of negative overdrives *)
    END RECORD;

  MONITOR[3] control;
    DEFINES
      GetADCChannels,ExecuteContrAlg,      (* used by controller *)
      UndefChannelSet,GetChannels,          (* used by operator   *)
      SetParameters,GetParameters,          (*         "          *)
      ReadResetErrCtrs,StartController;     (*         "          *)
    USES PClock,ADC,DAC;
    VAR
      ChannelSet: ChannelSetType;
      ChannelSetDefined: BOOLEAN;
      ParameterSet: ParameterSetType;
      ParamSetDefined: BOOLEAN;
      uk,ek_1: REAL;   (* controller output, previous error *)
      TimErrors: TimingErrors;
      OverdrErrors: OverdriveErrors;

      SIGNAL ChannelsDefined;
```

7.1 Eine einfache Abtastregelung

```
PROCEDURE GetADCChannels(RESULT RfChl,FbChl: ADC_ChannelPointer);
  (* returns the ADC channel numbers as soon as they are defined *)
  USES ChannelSet,ChannelsDefined;
  CODE
    (* controller waits operator to define the channels *)
    ChannelsDefined.WAIT;
    RfChl := ChannelSet.RefChl; FbChl := ChannelSet.FeedbackChl;
END GetADCChannels;

PROCEDURE ExecuteContrAlg(ek: REAL; error: ADC_ErrorType);
  (* called by controller for execution of control-algorithm *)
  USES ParameterSet,ChannelSet,DAC;
  USES VAR uk,TimErrors,OverdrErrors;
  VAR
    uk_limited: INTEGER;    (* limited output *)
    PosOverdrive,NegOverdrive: BOOLEAN;
  CODE
    WITH ParameterSet DO
      uk := uk  +  q0 * ek;  (* compute new output *)
      DAC.put(ChannelNr==ChannelSet.ContrOutpChl, value==uk,
              LimitedValue:=uk_limited,
              PosOverdrive=:PosOverdrive, NegOverdrive=:NegOverdrive);
      uk := uk  +  q1 * ek;  (* prepare next output *)
    END WITH;

    WITH TimErrors DO  (* test on timing errors *)
      IF error = ProcessLate
      THEN IF DelExec < MAXINT THEN INCR(DelExec) END IF;
      ELSIF error = DataLost
      THEN IF LostSampl < MAXINT THEN INCR(LostSampl) END IF;
      END IF;
    END WITH;

    WITH OverdrErrors DO  (* test on overdrive errors *)
      IF PosOverdrive
      THEN IF PosOverdr < MAXINT THEN INCR(PosOverdr) END IF;
      ELSIF NegOverdrive
      THEN IF NegOverdr < MAXINT THEN INCR(NegOverdr) END IF;
      END IF;
    END WITH;
END ExecuteContrAlg;

RESOURCE VAR UndefChannelSet(): ChannelSetType;
  (* Grants the channel set for definition if it is         *)
  (* not yet defined. The controller must wait for the      *)
  (* definition of this channel set. Otherwise a control-   *)
  (* ler malfunction is assumed.                            *)
  USES ChannelsDefined;
  USES VAR ChannelSet,ChannelSetDefined;
  CODE
    IF NOT ChannelSetDefined
    THEN
      GRANT(ChannelSet);
      ChannelSetDefined := TRUE;
      IF ChannelsDefined.AWAITED()
      THEN ChannelsDefined.SEND;
      ELSE FATAL(STRING('*** PIControlUnit.control:',
                        'synchronisation error'));
      END IF;
    END IF;
END UndefChannelSet;
```

```
PROCEDURE GetChannels(RESULT defined: BOOLEAN;
                     RESULT channels: ChannelSetType);
  (* returns the channel set if it is defined. *)
  USES ChannelSetDefined,ChannelSet;
  CODE
    defined := ChannelSetDefined;
    IF ChannelSetDefined THEN channels := ChannelSet END IF;
END GetChannels;

PROCEDURE SetParameters(ps: ParameterSetType);
  (* The current controller parameterset is replaced by ps.  *)
  (* The sampling time in the new parameterset will be copied *)
  (* into the PClock-module.                                  *)
  USES PClock;
  USES VAR ParameterSet,ParamSetDefined;
  CODE
    ParameterSet := ps;
    ParamSetDefined := TRUE;
    PClock.SetPeriod(ParameterSet.T0Scaled);
END SetParameters;

PROCEDURE GetParameters(RESULT defined: BOOLEAN;
                       RESULT ps: ParameterSetType);
  (* returns the current controller parameterset if it is defined *)
  USES ParameterSet,ParamSetDefined;
  CODE
    defined := ParamSetDefined;
    IF ParamSetDefined THEN ps := ParameterSet END IF;
END GetParameters;

PROCEDURE ReadResetErrCtrs(RESULT TimErr: TimingErrors;
                           RESULT OverdrErr: OverdriveErrors);
  (* reads and resets the error counters *)
  USES VAR TimErrors,OverdrErrors;
  CODE
    TimErr := TimErrors;
    OverdrErr := OverdrErrors;
    WITH TimErrors DO DelExec := 0; LostSampl := 0; END WITH;
    WITH OverdrErrors DO PosOverdr := 0; NegOverdr := 0; END WITH;
END ReadResetErrCtrs;

PROCEDURE StartController(RESULT NoError: BOOLEAN);
  (* starts controller if its channels and parameters are defined *)
  USES ADC,PClock,ChannelSetDefined,ParamSetDefined;
  CODE
    NoError := ChannelSetDefined AND ParamSetDefined;
    IF NoError THEN   ADC.start;   PClock.start;   END IF;
END StartController;

CODE (* initialization of controller data base *)
  ChannelSetDefined := FALSE;
  ParamSetDefined := FALSE;
  uk := 0.0;
  WITH TimErrors DO DelExec := 0; LostSampl := 0; END WITH;
  WITH OverdrErrors DO PosOverdr := 0; NegOverdr := 0; END WITH;
END control;
```

7.1 Eine einfache Abtastregelung

```
PROCESS[3] controller;
  USES control,ADC;
  VAR
    ek: INTEGER;
    error: ADC_ErrorType;
    RefChl,FeedbackChl: ADC_ChannelPointer;
  CODE
    control.getADCChannels(RfChl=:RefChl, FbChl=:FeedbackChl);
    LOOP
      USING channels==ADC.NewData(error=:error) DO
        ek:=channels[RefChl]-channels[FeedbackChl];
      END USING;
      control.ExecuteContrAlg(ek==ek, error==error);
    END LOOP;
END controller;

PROCEDURE SetChannels;  (* asks for channels used by the controller *)
  USES CONSOLE,control;
  VAR IntNr: INTEGER;
  CODE
    USING ChannelSet::control.UndefChannelSet() DO
      WITH CONSOLE, ChannelSet DO
        WRITELN('    setting channels of PI-controller:');
        AskSubrange(prompt=='    reference channel nr.: ', val=:IntNr,
          ll==0, ul==ADC_MaxChannelNr);     RefChl := IntNr;
        AskSubrange(prompt=='    feedback channel nr.: ', val=:IntNr,
          ll==0, ul==ADC_MaxChannelNr);     FeedbackChl := IntNr;
        AskSubrange(prompt=='    controller output channel nr.: ',
          val=:IntNr,ll==0,ul==DAC_MaxChannelNr); ContrOutpChl:=IntNr;
      END WITH;
      ELSE CONSOLE.WRITELN('    channels already defined');
    END USING;
END SetChannels;

PROCEDURE ModifyParameters;   (* asks for a new parameterset *)
  USES PClock,CONSOLE,control;
  CONST MinIntegrConst = 1.0E-6;
  VAR
    NewPS: ParameterSetType;
    ErrorStr: STRING(60);
  CODE
    WITH CONSOLE, PClock, NewPS DO
      WRITELN('    setting/modifying parameters of PI-controller:');
      WRITELN('    form: R(s)= K * (1 + 1/(s*TI) )');
      REPEAT
        WRITE('    sampling time (in milliseconds): '); READREAL(T0);
        PClock.ScalePeriod(period==T0, ScaledPeriod=:T0Scaled,
          ErrorStr::ErrorStr[..]);
        IF ErrorStr[1] <> ' ' THEN WRITELN(ErrorStr); END IF;
      UNTIL ErrorStr[1] = ' ';
      T0 := T0 / 1000.0;  (* T0 in seconds *)
      WRITE('    gain constant K: ');  READREAL(K);
      WRITE('    integrator constant Ti (in seconds): ');
      REPEAT
        READREAL(Ti);
        IF Ti < MinIntegrConst THEN WRITELN(' Ti too small'); END IF;
      UNTIL Ti >= MinIntegrConst;
      q0 := K * (1.0   +   0.5 * T0 / Ti);
      q1 := -K * (1.0   -   0.5 * T0 / Ti);
    END WITH;
    control.SetParameters(NewPS);
END ModifyParameters;
```

```
PROCEDURE TypeParameters;
  (* types the controller parameters *)
  USES CONSOLE,control;
  VAR
    def: BOOLEAN;
    ps: ParameterSetType;
  CODE
    control.GetParameters(defined=:def, ps=:ps);
    WITH CONSOLE, ps DO
      IF def
      THEN
        WRITELN('   current parameters of PI-controller:');
        WRITELN('      TO [s]     Ti [s]      K');
        WRITEREAL(val==T0,m==14,n==3);
        WRITEREAL(val==Ti,m==11,n==3);
        WRITEREAL(val==K,m==11,n==3);  WRITELN(' ');
        WRITELN(STRING('   controller equation: ',
                'u(k):=u(k-1) + q0*e(k) + q1*e(k-1)'));
        WRITELN('        q0          q1');
        WRITEREAL(val==q0,m==14,n==3);
        WRITEREAL(val==q1,m==11,n==3);
        WRITELN(' ');  WRITELN(' ');
      ELSE WRITELN('   parameters undefined');
      END IF;
    END WITH;
END TypeParameters;

PROCEDURE TypeChannels;
  (* types the numbers of the AD- and DA-converter channels *)
  (* used by the PI-controller                              *)
  USES CONSOLE,control;
  VAR
    def: BOOLEAN;
    ChS: ChannelSetType;
  CODE
    control.GetChannels(defined=:def, channels=:ChS);
    WITH CONSOLE, ChS DO
      IF def
      THEN
        WRITELN('   channels used by PI-controller:');
        WRITELN(STRING('   reference chl. nr.     ',
                'feedback chl. nr.    contr. outp. chl. nr.'));
        WRITEINTEGER(val==RefChl, m==10);  WRITE('        ');
        WRITEINTEGER(val==FeedbackChl, m==10);  WRITE('        ');
        WRITEINTEGER(val==ContrOutpChl, m==10);  WRITELN(' ');
        WRITELN(' ');  WRITELN(' ');
      ELSE WRITELN('   channels undefined');
      END IF;
    END WITH;
END TypeChannels;
```

7.1 Eine einfache Abtastregelung 143

```
PROCEDURE StartController;
  USES
    CONSOLE,control,
    SetChannels,ModifyParameters;
  VAR NoError: BOOLEAN;
  CODE
    SetChannels;
    ModifyParameters;
    control.StartController(NoError=:NoError);
    IF NOT NoError
    THEN CONSOLE.WRITELN(STRING('  controller channels or ',
         'parameters undefined, controller not started'));
    END IF;
END StartController;

PROCEDURE StopController;
  USES PClock,ADC,DAC,control;
  VAR
    def: BOOLEAN;
    ChS: ChannelSetType;
  CODE
    PClock.stop; ADC.stop;
    control.GetChannels(defined=:def, channels=:ChS);
    IF def THEN DAC.reset(ChS.ContrOutpChl); END IF;
END StopController;

PROCEDURE InspectController;
  (* inspects status of controller                            *)
  (* currently: prints out timing and overdrive errors        *)
  USES CONSOLE,control;
  VAR
    TimErr: TimingErrors;
    OverdrErr: OverdriveErrors;
  CODE
    control.ReadResetErrCtrs(TimErr=:TimErr, OverdrErr=:OverdrErr);
    WITH CONSOLE DO
      WITH TimErr DO
        IF (DelExec > 0) OR (LostSampl > 0)
        THEN
          WRITE('    timing errors: del. exec.:');
          WRITEINTEGER(val==DelExec, m==6);
          WRITE('      lost samples:');
          WRITEINTEGER(val==LostSampl, m==6);  WRITELN(' ');
        ELSE WRITELN('    no timing errors');
        END IF;
      END WITH;

      WITH OverdrErr DO
        IF (PosOverdr > 0) OR (NegOverdr > 0)
        THEN
          WRITE('    overdrive errors: pos. overdr.:');
          WRITEINTEGER(val==PosOverdr, m==6);
          WRITE('     neg. overdr.:');
          WRITEINTEGER(val==NegOverdr, m==6);  WRITELN(' ');
        ELSE WRITELN('    no overdrive errors');
        END IF;
      END WITH;
    END WITH;
END InspectController;
END PIControlUnit;
```

7.1.6 Anwendung des PI-Regelprogrammes

Das eben vorgestellte Regelprogramm soll nun an einer einfachen Regelstrecke angewendet werden. Die Regelstrecke habe die Form:

$$G(s) = \frac{1}{(1 + sT_1) \cdot (1 + sT_2)}$$

wobei: $T_1 = T_2 = 100$ ms

Eine gute Einstellung eines kontinuierlichen PI-Reglers für diese Strecke ergibt sich mit dem Betragsoptimum. Man findet

$K = 1$, $T_i = 0.13$ s

Daraus kann der "Operator" die Parameter q_0 und q_1 des entsprechenden diskreten PI-Reglers berechnen. Zu wählen bleibt noch die Abtastzeit T_0. Damit die Strecke auch während transienten Vorgängen gut geregelt werden kann, soll $T_0 \ll T_1$, T_2 sein. Anderseits muss T_0 aber grösser sein als der Zeitbedarf T_r des Regelprozesses für einen Regelzyklus. Andernfalls würden Abtastwerte verloren gehen. Diesen Zeitbedarf kann man experimentell ermitteln. Gemäss den programmtechnischen Resultaten ergab sich für einen LSI-11-Rechner T_r = ca. 8 ms.

Auf den folgenden Seiten wird das Protokoll eines Programmlaufs gezeigt. Daraus geht hervor, wie das vorstehende Regelprogramm etwa benützt werden kann. Im Protokoll sind die Benutzereingaben unterstrichen. Es werden dabei vier verschiedene Reglereinstellungen untersucht. Das jeweilige Regelverhalten zeigen die dem Protokoll folgenden Signalverläufe in den Bildern 7.5 und 7.6.

7.1 Eine einfache Abtastregelung

B

```
PORTAL  V0.03SA-BPT-DBG-SET-FIS-.
CODE FILE ID: VAX-COMPILER V01      PICSYS    8302161211

LOW     ZERO    HIGH
117030  120314  150220

?P
Program PIControlSystem:
------------------------

legal commands:
H  : help
S  : start controller
M  : modify controller parameters
TC : type controller channels
TP : type controller parameters
I  : inspect controller
A  : abort program execution

When starting up the control system (command "S")
the AD- and DA-channels must be specified. Also a
first parameter set must be defined.

> S
    setting channel of PI-controller:
    reference channel nr.: 0
    feedback channel nr.: 1
    controller output channel nr.: 0
    setting/modifying parameters of PI-controller:
    form: R(s)= K * (1 + 1/(s*Ti) )
    sampling time (in milliseconds): 100
    gain constant K: 1
    integrator constant Ti (in seconds): 0.13
> TP
    current parameters of PI-controller:
        T0 [s]    Ti[s]     K
        0.100     0.130     1.0
    controller equation: u(k):=u(k-1) + q0*e(k) + q1*e(k-1)
        q0        q1
        1.385     -0.615

> TC
    channels used by PI-controller:
    reference chl. nr.    feedback chl. nr.      contr. outp. chl. nr.
         0                      1                        0

> I
    no timing errors
    no overdrive errors

> M
    setting/modifying parameters of PI-controller:
    form: R(s)= K * (1 + 1/(s*Ti) )
    sampling time (in milliseconds): 8
    gain constant K: 1
    integrator constant Ti (in seconds): 0.13
```

> TP
    current parameters of PI-controller:
       T0 [s]   Ti[s]   K
       0.008   0.130   1.000
    controller equation: u(k):=u(k-1) + q0*e(k) + q1*e(k-1)
       q0   q1
       1.031   -0.969
> I
    timing errors: del. exec.:   4   lost samples: 0
    no overdrive errors

> M
    setting/modifying parameters of PI-controller:
    form: R(s)= K * (1 + 1/(s*Ti))
    sampling time (in milliseconds): 10
    gain constant K: 1.5
    integrator constant Ti (in seconds): 0.13
> I
    timing errors: del. exec.:   3   lost samples: 0
    no overdrive errors
> I
    no timing errors
    no overdrive errors
> M
    setting/modifying parameters of PI-controller:
    form: R(s)= K * (1 + 1/(s*Ti))
    sampling time (in milliseconds): 10
    gain constant K: 1
    integrator constant Ti (in seconds): 0.26
> I
    no timing errors
    no overdrive errors
> TP
    current parameters of PI-controller:
       T0 [s]   Ti[s]   K
       0.010   0.260   1.0
    controller equation: u(k):=u(k-1) + q0*e(k) + q1*e(k-1)
       q0   q1
       1.019   -0.981

7.1 Eine einfache Abtastregelung

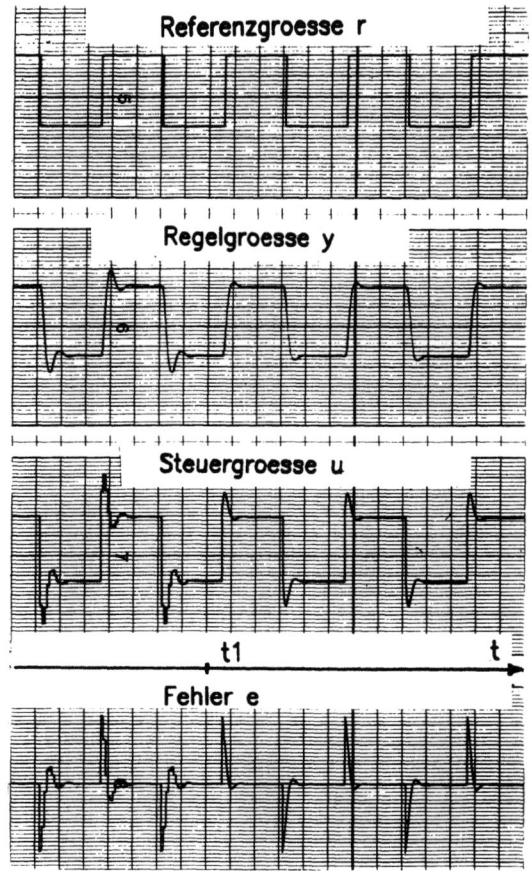

Amplitudenskala: 200 mV/Div, Zeitskala: 1 s/Div

Bild 7.5   Regelverhalten bei Einstellung nach Betragsoptimum
$t < t_1$: Abtastzeit T_o = 100 ms
$t > t_1$: Abtastzeit T_o =   8 ms (neue q_i)

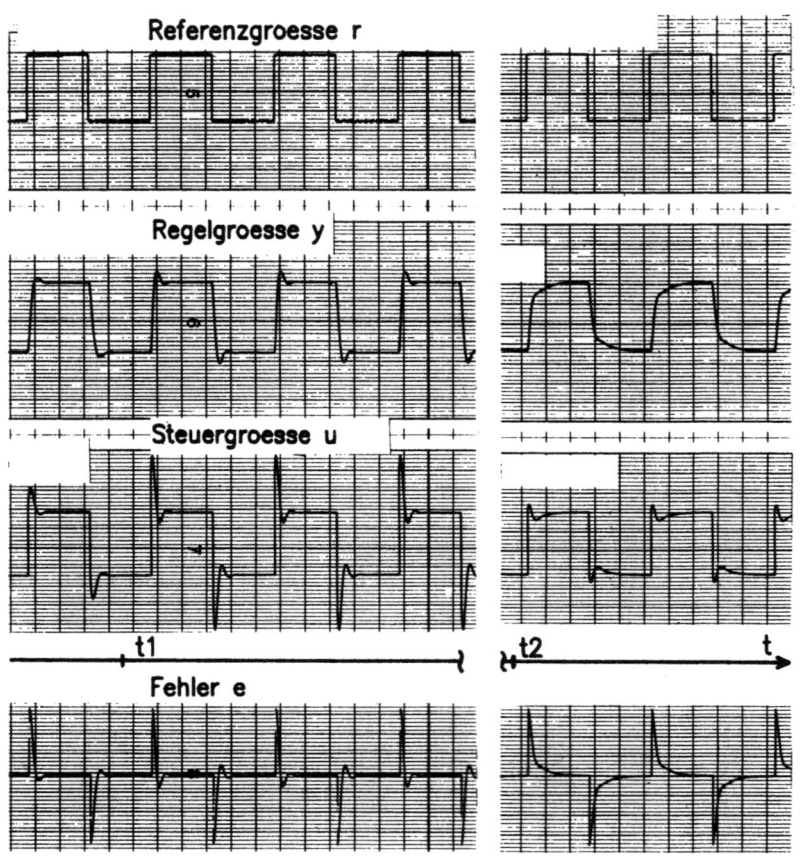

Amplitudenskala: 200 mV/Div, Zeitskala: 1 s/Div

Bild 7.6 Regelverhalten nach Aenderung der Verstärkung und der Integrator-Zeitkonstanten

$t < t_1$: Einstellung nach Betragsoptimum
$K = 1 \quad T_i = 0.13$ s
$t_1 < t < t_2$: $K = 1.5 \quad T_i = 0.13$ s
$t > t_2$: $K = 1 \quad T_i = 0.26$ s

7.2 Eine komplexere Abtastregelung

Der einfache Regler aus dem ersten Beispiel wird nun ersetzt durch einen Adaptivregler. Es wird sich zeigen, dass das Regelprogramm dadurch wesentlich komplexer wird als im ersten Beispiel. Die Struktur des verwendeten Adaptivreglers ist aus Bild 7.7 ersichtlich.

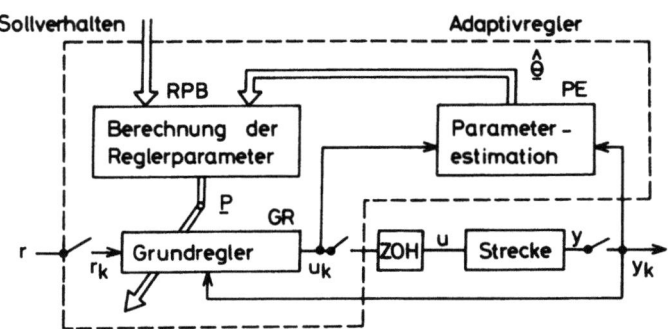

Bild 7.7 Blockdiagramm eines Regelsystems mit einem Adaptivregler

Im Block "Parameterestimation" werden laufend die Parameter der Regelstrecke geschätzt. Auf Grund dieser Schätzung werden dann jeweils im Block "Berechnung der Reglerparameter" die Parameter des Grundreglers berechnet und eingestellt. Auf diese Weise wird der Grundregler an die zu regelnde Strecke angepasst.

7.2.1 Anforderungen an das Regelprogramm

An das Regelprogramm werden die folgenden Anforderungen gestellt:

- Die Grundregelung (GR) ist nach jedem Interrupt des AD-Wandlers durchzuführen.
- Die Parameterestimation (PE) soll so oft wie möglich erfolgen.
- Die Reglerparameterberechnung (RPB) soll jeweils nach Aenderung der Eingangsgrössen (geschätzte Parameter, Sollverhalten) durchgeführt werden.
- Die Parameterestimation sowie die Reglerparameterberechnung sollen einzeln ein- und ausgeschaltet werden können. Diese Möglichkeit ist nützlich für Testzwecke und beim Anfahren des Regelsystems.
- Parameteränderungen und Protokolle wie im ersten Beispiel

7.2.2 Entwurf einer Programmstruktur

Das "Umfeld" bestehend aus dem Prozess "Operator" und den Modulen zur Bedienung der Peripheriegeräte kann aus dem ersten Beispiel übernommen werden. Das Modul "Regeleinheit" hingegen ist neu zu entwerfen. Zuerst wird festgelegt, was für Prozesse im Modul "Regeleinheit" auftreten werden. Man kann hier zwei Fälle unterscheiden:

1) Abtastzeit > Zeitbedarf für (GR + PE + RPB):

   In diesem Fall genügt ein Prozess "Regler" wie im ersten Beispiel. Dieser Prozess führt dann neben der Grundregelung auch noch die Parameterestimation und Reglerparameterberechnung durch. Bei der Gestaltung des Moduls "Regeleinheit" kann man ähnlich vorgehen wie im ersten Beispiel. Es treten keine grundsätzlich neuen Probleme auf. Dieser Fall wird deshalb hier nicht weiter betrachtet.

2) Abtastzeit <= Zeitbedarf für (GR + PE + RPB) möglich:

   Nun sind zwei Tätigkeiten gleichzeitig auszuführen:

   a) Grundregelung

   b) Adaption, bestehend aus PE und RPB

   Diese Tätigkeiten kann man zwei Prozessen "Regler" und "Adapter" zuordnen. Diese Prozesswahl ist nicht zwingend. Man könnte die Adaption auch auf zwei einzelne Prozesse ("Estimator", "Parameterberechner") verteilen. Beide Varianten haben Vor- und Nachteile. Darauf wird aber hier nicht weiter eingegangen. Im folgenden wird mit der ersten Variante weitergearbeitet.

Nun wird die Zusammenarbeit der verschiedenen Prozesse betrachtet. Dabei interessiert auch der Prozess "Operator".

- Zusammenarbeit "Regler" <--> "Adapter":

  Der "Adapter" übernimmt das Ein- und das Ausgangssignal (u_k, y_k) der Regelstrecke vom "Regler". (Er könnte diese Signale auch direkt vom DA- bzw. AD-Wandler beziehen. Diese Variante wäre programmtechnisch aufwendiger.) Diese Zusammenarbeit von "Regler" und "Adapter" stellt ein sehr einfaches Produzenten-Konsumenten-Verhältnis dar. Es ist deshalb sehr einfach, weil der Produzent ("Regler") vollständig unabhängig vom Konsumenten ("Adapter") arbeitet. Ein solches Verhältnis lässt sich mit einem Monitor und einem

7.2 Eine komplexere Abtastregelung

Signal realisieren. Der "Adapter" kann in einem Monitor auf ein Signal "NeueSignalwerteVorhanden" warten. Dieses Signal kann ihm der "Regler" jeweils am Ende eines Regelzyklus senden.

Weiter setzt der "Adapter" jeweils die Parameter des "Reglers". Diese Zusammenarbeit entspricht derjenigen zwischen "Regler" und "Operator" im ersten Beispiel. Sie lässt sich leicht mit einem Monitor realisieren.

- Zusammenarbeit "Operator" <--> "Regler", "Adapter":

  Der "Operator" setzt und liest verschiedene Grössen des "Reglers" und des "Adapters" (z.B.: Ordnung der Regelstrecke, geschätzte Parameter der Regelstrecke, Reglerparameter). Die jeweiligen Setz- und Leseoperationen benötigen Monitorschutz (vgl. erstes Beispiel).

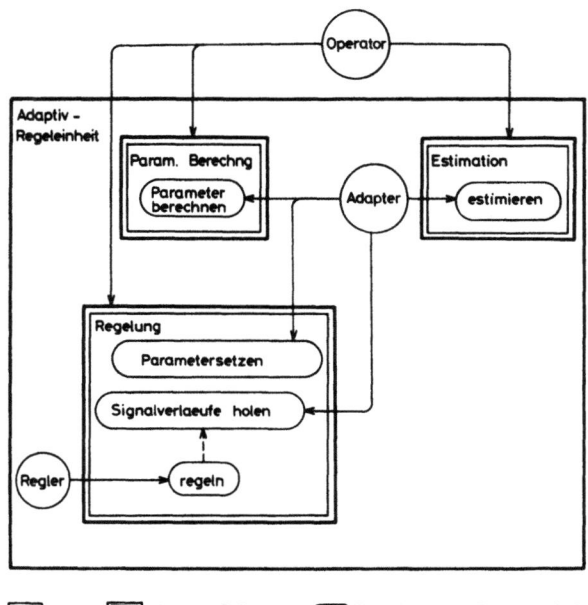

Bild 7.8 Grobstruktur eines Regelprogrammes mit einem Adaptivregler

Daraus kann man nun die in Bild 7.8 dargestellte Grobstruktur ansetzen. Die Module zur Bedienung der Peripheriegeräte sind nicht dargestellt. Wie im ersten Beispiel stellt ein Monitor "Regelung" die beiden Prozeduren "regeln" und "parametersetzen" zur Verfügung. Die

Prozedur "regeln" wird wieder vom "Regler" aufgerufen. Die Prozedur "parametersetzen" hingegen wird jetzt normalerweise vom "Adapter" aufgerufen. Der "Operator" benützt sie höchstens noch bei abgeschalteter Adaption.

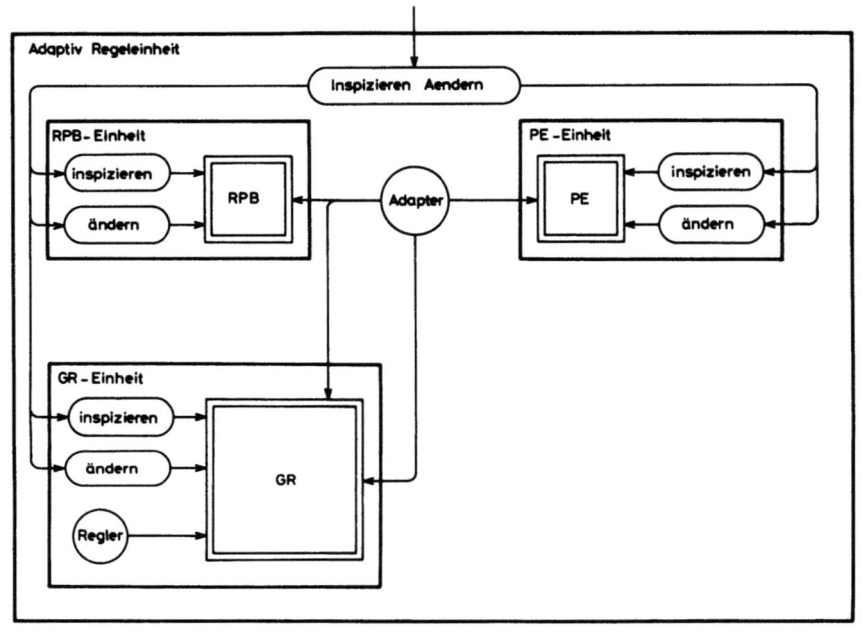

Bild 7.9   Struktur eines Adaptivregler-Moduls

Neu stellt nun der Monitor "Regelung" eine Prozedur "SignalVerlaeufeHolen" zur Verfügung. Der "Adapter" wartet jeweils in dieser Prozedur bis ihm der "Regler" meldet, dass neue Signalverläufe vorhanden sind. Dann übernimmt er diese und benützt sie für eine neue Schätzung der Streckenparameter (Prozedur "estimieren"). Anhand der neuen Schätzung berechnet er dann neue Reglerparameter (Prozedur "parameterberechnen"). Schliesslich stellt er die neu berechneten Reglerparameter durch Aufruf der Prozedur "parametersetzen" ein.

Da das Schätzen der Streckenparameter und das Berechnen der Reglerparameter weitgehend unabhängige Tätigkeiten sind, wurden sie in zwei separaten Monitoren untergebracht. Der "Operator" hat zu allen drei Monitoren Zugriff, um die früher erwähnten Grössen zu setzen oder zu

7.2 Eine komplexere Abtastregelung

lesen. Das Einlesen und Ausdrucken solcher Grössen ist stark von der jeweiligen Einheit (Regelung, Estimation, Parameterberechnung) abhängig. Es ist deshalb sinnvoll, jeder der drei Einheiten die notwendigen Manipulations- und Inspektionsprozeduren zuzuordnen. Bild 7.9 zeigt die resultierende Struktur.

Diese Struktur hat den Vorteil, dass die zu jeder Einheit gehörende Information möglichst lokal zu dieser gehalten wird. Es lassen sich dann einfache Schnittstellen formulieren. Der "Operator" kann den Adaptivregler durch Aufruf einer Prozedur "InspizierenAendern" manipulieren oder inspizieren. In dieser Prozedur wird der Benutzerbefehl ausgewertet und anschliessend ausgeführt.

Im nächsten Abschnitt wird der zu implementierende Adaptivregler genauer festgelegt. Anschliessend kann man obige Struktur verfeinern und das Programm schliesslich codieren. Darauf wird aber hier nicht mehr eingegangen.

7.2.3 Der zu implementierende Adaptivregler

Es soll ein Adaptivregler implementiert werden, so wie er von Aström in [1] vorgestellt wurde. Dieser Adaptivregler kann kurz wie folgt charakterisiert werden:

- Grundregler:

    Es wird ein allgemeiner linearer Regler verwendet. Er kann im z-Bereich wie folgt formuliert werden:

    $$R(z^{-1}).u = T(z^{-1}).r - S(z^{-1}).y$$

    wobei: z^{-1} : Rückwärtsschiebeoperator
    R,S,T : Polynome in z^{-1}
    r : Referenzgrösse
    u,y : Ein- und Ausgang der Regelstrecke

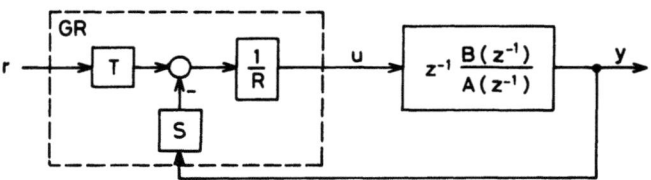

Bild 7.10 Blockdiagramm des Grundreglers mit Regelstrecke

In Bild 7.10 ist dieser Regler zusammen mit der zu regelnden Strecke in Blockdiagrammform dargestellt. Die Strecke ist dargestellt als Uebertragungsfunktion im z-Bereich.

- Parameterestimation:

  Es wird ein rekursives Least Squares Verfahren (RLS) mit Vergessen verwendet. Solche Verfahren arbeiten im Prinzip wie folgt: Eine neue Schätzung wird aus der bisherigen Schätzung und aus einer neuen Messung gebildet.

  formal: $\hat{\underline{\theta}}(k) := f(\hat{\underline{\theta}}(k-1), \text{Messung}(k))$;

  hier: $\quad \hat{\underline{\theta}}^T = [a_1 \,..\, a_m \, b_0 \,..\, b_n]$

  a_i, b_i = Koeffizienten der Streckenpolynome A,B

  $\text{Messung}(k)^T = [u(k), y(k)]$

- Berechnung der Reglerparameter:

  Die Reglerparameter werden durch Polfestlegung für den geschlossenen Regelkreis berechnet. Dieser hat die Uebertragungsfunktion

  $$G_{tot}(z^{-1}) = \frac{y}{r} = \frac{z^{-1}.BT}{AR + z^{-1}.BS}$$

Von dieser Uebertragungsfunktion wird nun verlangt, dass sie:

- vorgegebene Pole hat,
- die gleichen Nullstellen und die gleiche diskrete Totzeit aufweist wie die Regelstrecke, und
- eine wählbare stationäre Verstärkung hat.

Diese drei Forderungen lassen sich formal durch eine Sollübertragungsfunktion darstellen:

$$G_m(z^{-1}) = \frac{z^{-1}.k.B}{A_m}$$

Das Polynom A_m resultiert aus der Polvorgabe. Es sei derart normiert, dass das Glied nullter Ordnung gleich 1 ist (monisch). Ueber k lässt sich die gewünschte stationäre Verstärkung einstellen.

Es muss nun gelten: $\quad \dfrac{z^{-1}.BT}{AR + z^{-1}.BS} = \dfrac{z^{-1}.kB}{A_m} \quad$ (*)

7.2 Eine komplexere Abtastregelung

Bei der Bestimmung von R, S und T aus dieser Gleichung ist nun folgendes zu beachten:

Die rechte Seite stellt eine Uebertragungsfunktion in ausgekürzter Form dar. Die linke Seite hingegen stellt eine solche in ungekürzter Form dar. Abhängig von der Wahl von R,S und T können noch Kürzungen auftreten. Zähler und Nenner lassen sich dann je aufspalten in ein sich herauskürzendes Polynom A_o und in ein Restpolynom Z_r bzw. N_r.

formal:

$$z^{-1}.BT = Z_r . A_o$$
$$AR + z^{-1}.BS = N_r . A_o$$

Damit die obige Gleichung (*) erfüllt wird, muss gelten:

$$Z_r = z^{-1}.k.B$$
$$N_r = A_m$$

Die Bestimmungsgleichungen für R,S und T lauten dann:

$$z^{-1}.BT = z^{-1}.k.B . A_o$$
$$AR + z^{-1}.BS = A_m . A_o$$

Da das Polynom A_o die Uebertragungsfunktion nicht beeinflusst, kann es gewählt werden. Natürlich muss bei der Wahl darauf geachtet werden, dass seine Nullstellen stabil sind. A_o kann als Beobachterpolynom interpretiert werden.

7.2.4 Anwendung des Adaptivreglers an einem Servosystem

In den vorhergehenden Abschnitten wurde die Entwicklung eines Regelprogrammes mit einem Adaptivregler skizziert. Ein solches Regelprogramm soll nun zur Regelung des in Bild 7.11 dargestellten Servosystems angewendet werden.

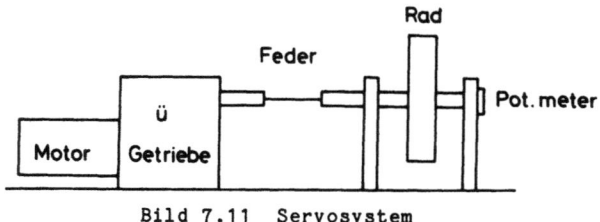

Bild 7.11 Servosystem

156   7. Beispiele zur Anwendung von Echtzeitsprachen

Das Servosystem besteht aus einem Motor, der über ein Getriebe und eine Feder ein Rad positionieren soll. Die Position des Rades wird über ein Potentiometer gemessen. Der Motor ist ein fremderregter, ankergesteuerter Gleichstrommotor.

7.2.4.1 Modellbildung

a) Strukturwahl

Bei der Strukturwahl werden die folgenden vereinfachenden Annahmen getroffen:

- Die Feder sei im Arbeitsbereich linear.
- Das Getriebe habe kein Spiel.
- Die Haftreibung sei vernachlässigbar.
- Die auftretende Reibung sei proportional zur Drehzahl.

Mit diesen Annahmen lässt sich das Servosystem durch das elektromechanische Schema in Bild 7.12 darstellen. Aus diesem Schema kann das in Bild 7.13 dargestellte Blockdiagramm abgeleitet werden.

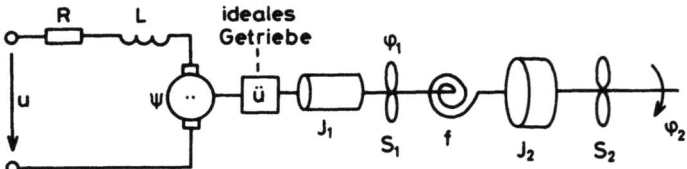

Bild 7.12   Elektromechanisches Schema des Servosystems

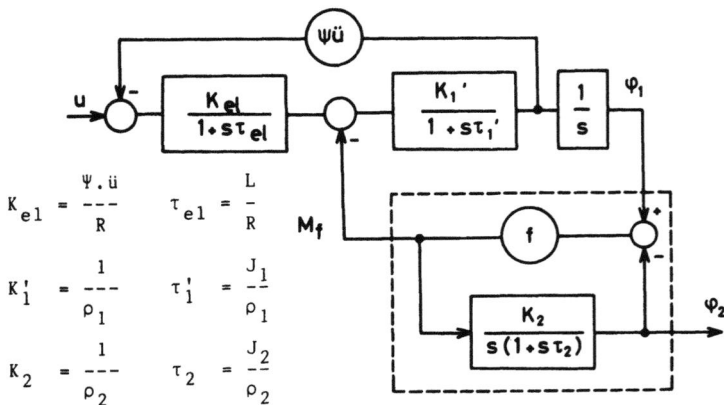

$$K_{el} = \frac{\Psi \cdot \ddot{u}}{R} \qquad \tau_{el} = \frac{L}{R}$$

$$K_1' = \frac{1}{\rho_1} \qquad \tau_1' = \frac{J_1}{\rho_1}$$

$$K_2 = \frac{1}{\rho_2} \qquad \tau_2 = \frac{J_2}{\rho_2}$$

Bild 7.13   Blockdiagramm des Servosystems

7.2 Eine komplexere Abtastregelung

Es ergibt sich also ein System 5. Ordnung. Bevor man dieses Modell für die weiteren Arbeiten benützt, sollte man sich einige Gedanken machen über die Grössenordnungen der auftretenden Momente und Zeitkonstanten.

Beim vorliegenden Servosystem zeigt sich, dass das maximale über die Feder erzeugbare Moment M_f wesentlich kleiner ist als die Haftreibung des Getriebes (Nachweis durch manuelle Verdrehung der Feder über das Rad). Da aber diese Haftreibung vernachlässigt wurde, ist es sinnvoll, auch die Federrückwirkung auf das Getriebe zu vernachlässigen. Man kann also den in Bild 7.13 eingerahmten Teil abkoppeln und erhält dann das in Bild 7.14 dargestellte Blockdiagramm. Feder und Rad erscheinen jetzt als schwingfähiges System 2. Ordnung (Feder-Masse-System). Das gesamte System ist immer noch 5. Ordnung.

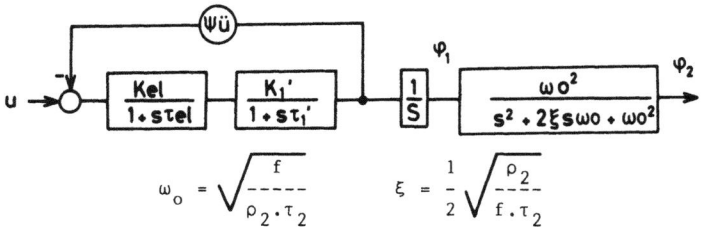

Bild 7.14 Blockdiagramm nach Vernachlässigung der Rückwirkung der Feder auf das Getriebe

Nun werden noch die auftretenden Zeitkonstanten beziehungsweise Knick- und Resonanzfrequenzen betrachtet. Die Resonanzfrequenz des Feder-Masse-Systems lässt sich leicht abschätzen, indem seine gedämpfte Eigenschwingung aufgenommen wird. Eine solche Eigenschwingung ist in Bild 7.15 dargestellt. Diese Eigenschwingung zeigt die sehr schwache Dämpfung des Feder-Masse-Systems. Unter Vernachlässigung der schwachen Dämpfung lässt sich die Resonanzfrequenz f_o aus der Schwingungsdauer abschätzen zu ca. 0.8 Hz. Ebenso lässt sich die Knickfrequenz des elektrischen Kreises leicht abschätzen. Durch eine Impedanzmessung am Ankerkreis bei Gleich- und Wechselstrom und ausgeschalteter Erregung findet man eine Knickfrequenz von ca. 20 Hz. Die Knickfrequenz des elektrischen Kreises liegt also wesentlich über der Resonanzfrequenz des Feder-Masse-Systems.

Im folgenden wird angenommen, das Servosystem werde unterhalb der Resonanzfrequenz des Feder-Masse-Systems betrieben. In diesem Betriebsbereich darf man aber die Zeitkonstante des elektrischen Kreises vernachlässigen. Es ergibt sich dann das in Bild 7.16

158   7. Beispiele zur Anwendung von Echtzeitsprachen

dargestellte Blockdiagramm. Das vereinfachte Blockdiagramm stellt noch ein System 4. Ordnung dar. Die Grössenordnung der Zeitkonstanten τ_1 lässt sich nicht leicht abschätzen, weil sie von der Trägheit und der Reibung des Getriebes abhängig ist.

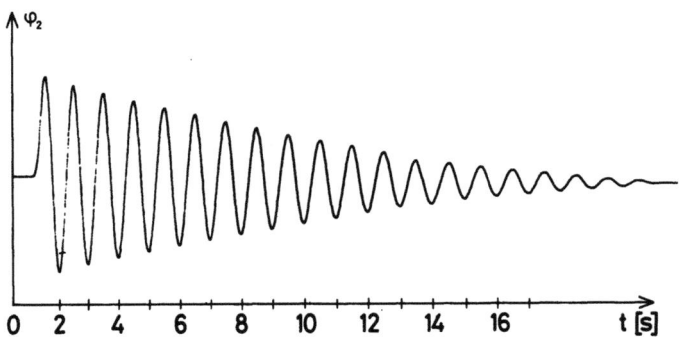

Bild 7.15 Gedämpfte Eigenschwingung des Feder-Masse-Systems

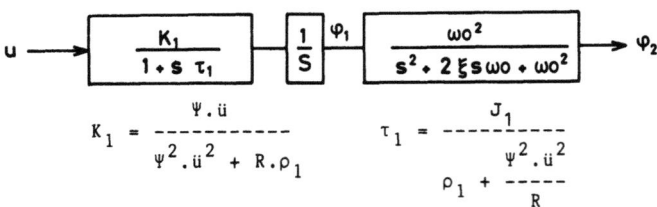

Bild 7.16 Blockdiagramm nach zusätzlicher Vernachlässigung der Zeitkonstanten des Ankerkreises

b) Parameterschätzung

Die Parameterschätzung ist eigentlich Aufgabe des Adaptivreglers. Sie wird hier trotzdem vor der Inbetriebnahme des Regelsystems betrachtet, weil die richtige Schätzung der Parameter durch den Adaptivregler nicht garantiert ist. Im folgenden soll deshalb geprüft werden, ob der Adaptivregler bei der Parameterschätzung sinnvolle Werte bestimmt. Dazu kann man wie folgt vorgehen: Beim Aufstarten des Regelprogrammes wird die Reglerparameterberechnung ausgeschaltet. Der Grundregler wird über den "Operator" fest eingestellt. Für die Parameterestimation wird die aus der Strukturwahl erhaltene Systemordnung vorgegeben. In dieser Betriebsart kann man nun das Verhalten der Parameterestimation prüfen. Ein Problem bildet aber noch die Einstellung des Grundreglers. Dieses Problem lässt sich hier umgehen,

7.2 Eine komplexere Abtastregelung

da die Regelstrecke stabil ist. Bei stabilen Regelstrecken ist es zweckmässig, die Strecke zu steuern anstatt zu regeln. Dann ergeben sich keine Stabilitätsprobleme. Eine Steuerung der Regelstrecke kann mit dem vorliegenden Regelprogramm leicht realisiert werden, indem die Rückführung des Grundreglers (Polynom S) Null gesetzt wird. Die Polynome R und T werden am einfachsten so gewählt, dass der Grundregler als Verstärker arbeitet (R=1, T=Verstärkung; vgl. Bild 7.10). Das eben beschriebene Verfahren zur Prüfung der Parameterestimation wird nun durchgeführt. Die Referenzgrösse (und damit die Anregung der Strecke) wird rechteckförmig mit 10 s Periodendauer gewählt. Die Abtastzeit wird in Schritten von 50 ms variiert von 150 ms bis hinunter auf 50 ms. Unter diesen Bedingungen ergibt die Parameterestimation folgende Polkonfiguration in der s-Ebene:

$$-2 + 20j \quad , \quad -0.04 \quad , \quad -0.2 \pm 4.7j$$
$$\vdots \quad \vdots$$
$$-6 + 60j$$

Der erste Pol wandert mit der Abtastzeit, während die übrigen drei ungefähr fest bleiben. Man sieht sofort, dass das konjugiert komplexe Polpaar dem Feder-Masse-System entspricht. Der Pol bei -0.04 entspricht dem Integrator im Blockdiagramm von Bild 7.16. Der erste Pol ist jedoch nicht sinnvoll. Offenbar konnte die Parameterestimation den ersten Block im Blockdiagramm von Bild 7.16 nicht richtig erfassen. Es ist möglich, dass die Knickfrequenz des betreffenden Systemteils ebenfalls wesentlich über der Resonanzfrequenz des Feder-Masse-Systems ist. Dies wird im folgenden angenommen. Aus Bild 7.16 ergibt sich dann für den hier interessierenden Betriebsbereich das in Bild 7.17 dargestellte Blockdiagramm.

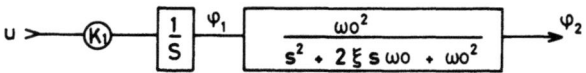

Bild 7.17 Blockdiagramm nach zusätzlicher Vernachlässigung der Trägheit des mechanischen Teils vor der Feder

Das Modell stellt jetzt noch ein System 3. Ordnung dar. Wiederholt man für diese Ordnung die obige Prüfung der Parameterestimation, so ergibt sich die folgende Polkonfiguration in der s-Ebene:

$$-0.07 \quad , \quad -0.26 \pm 4.7j$$

Diese Polkonfiguration entspricht nun offenbar dem Modell in Bild 7.17 Damit kann die Modellbildung abgeschlossen werden.

7.2.4.2 Reglerentwurf

Der Reglerentwurf geschieht durch Polfestlegung. Festzulegen sind die Pole des geschlossenen Systems. Hier wird von der Polfestlegung in einer früheren Arbeit [2] ausgegangen. Diese wird geringfügig modifiziert. Die Polfestlegung wird hier nicht weiter begründet. In Bild 7.18 sind die Pole der Regelstrecke, des geschlossenen Systems sowie des Beobachters (Polynom A_o) aufgezeichnet. Die Pole des Beobachters wurden durch Probieren festgelegt.

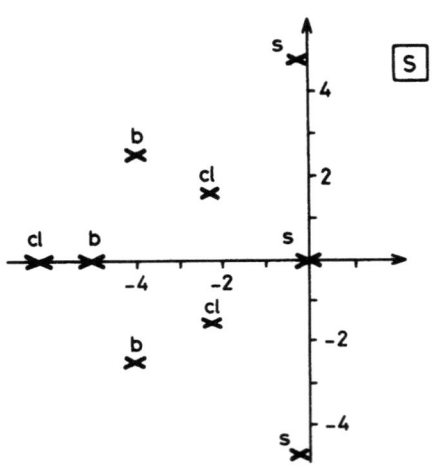

Bild 7.18 Pole der Regelstrecke

X_s : Pole der Regelstrecke
X_b : Pole des Beobachters
X_{cl}: Pole des geschlossenen Kreises
   (closed loop)

7.2.4.3 Resultate

Auf den folgenden Seiten wird die Inbetriebnahme des Regelsystems gezeigt. Die einzelnen Schritte sind aus dem Protokoll des Dialogs an der Konsole ersichtlich. Die Eingaben des Benutzers sind dabei im Protokoll unterstrichen. Wie Bild 7.19 zeigt, wird die Strecke zuerst rechteckförmig angesteuert. Dazu wird der Grundregler über den "Operator" so eingestellt, dass er die Referenzgrösse abgeschwächt an die Strecke weitergibt. In dieser Phase ist die Berechnung der Reglerparameter ausgeschaltet. Die Parameterestimation hingegen ist bereits eingeschaltet. Sobald die Werte der geschätzten Parameter ungefähr den erwarteten Werten entsprechen wird die Berechnung und Einstellung der Reglerparameter ermöglicht. Von diesem Zeitpunkt an arbeitet der

7.2 Eine komplexere Abtastregelung

Regler wirklich als adaptiver Regler. Man stellt fest, dass dann rasch ein brauchbares Regelverhalten resultiert. Das eben skizzierte Anfahren des Adaptivreglers hat sich als notwendig erwiesen. Wird deres gesamte Adaptivregler ohne vorherige Parameterestimation direkt eingeschaltet ("Kaltstart"), so können die anfänglich sehr grossen Aenderungen der Stellgrösse zur Zerstörung der Feder führen.

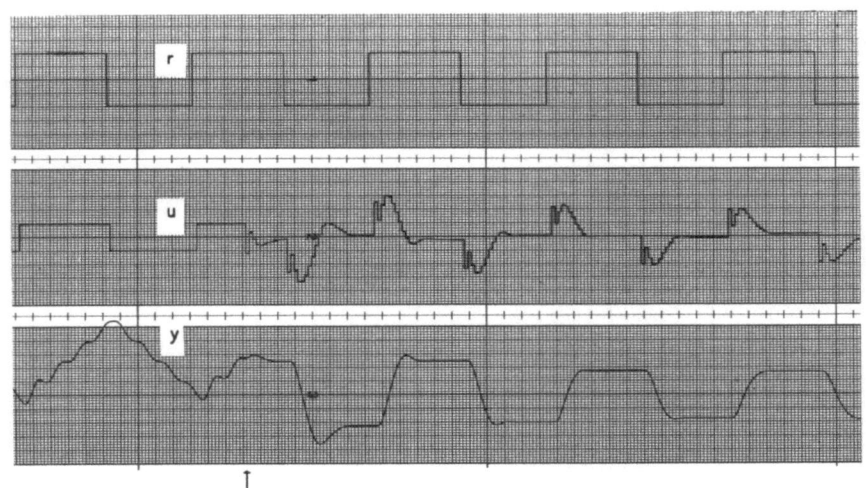

Einschaltung
der Adaption

Amplitudenskalen: 200mV/Div, Zeitskalen: 1s/Div

Bild 7.19   Regelung des Servosystems:
Inbetriebnahme des Reglers mit anfänglicher
Identifikation während rechteckförmiger Steuerung

r : Referenzgrösse, y : Regelgrösse, u : Stellgrösse

In Bild 7.20 a) ist das Verhalten bei Verdopplung der Referenzgrösse gezeigt. Nach der Verdopplung bleibt für kurze Zeit ein stationärer Fehler bestehen. Bild 7.20 b) zeigt ebenfalls das Verhalten bei Verdopplung der Referenzgrösse. Vor der Verdopplung wurde jedoch die Adaption (Estimation und Reglerparameterberechnung) ausgeschaltet. Jetzt bleibt der stationäre Fehler bestehen. Offenbar ist der Grundregler jetzt nicht mehr gut eingestellt. Es ist anzunehmen, dass sich die Parameter der Regelstrecke bei Verdopplung der Referenzgrösse leicht geändert haben. Dies bedeutet, dass die Regelstrecke eine leichte Nichtlinearität aufweist.

162　　　　　　　7. Beispiele zur Anwendung von Echtzeitsprachen

Ob der betrachtete Adaptivregler tatsächlich der geeignete Regler für
das vorliegende Servosystem ist, kann hier nicht abschliessend
beurteilt werden. Er scheint einigermassen geeignet zu sein für den
Betrieb mit einer rechteckförmigen Referenzgrösse mit konstanter oder
langsam variierender Amplitude. Für andere Verläufe der Referenzgrösse braucht er aber keineswegs geeignet zu sein.

Protokoll der Inbetriebnahme des Adaptivreglers

B

PORTAL V0.3SA-BPT-DBG-SET-FIS-.
CODE FILE ID: VAX-COMPILER V01　　　ADCSMD　　8301031812

LOW　　ZERO　　HIGH
043160 047272 146550

?P
Program AdaptivControlsystem:
----
enter "H" for help

> H
Program AdaptivControlsystem:

```
legal commands:
H   : help
C   : comment (use to insert comment in dialogue record)
S   : startup control system
MAP : modify adapter parameters
MCP : modify controller parameters
MCO : modify controller output limitations
TAP : type adapter parameters
TEP : type estimated process parameters
TCP : type controller parameters
TCC : type controller channels
EA  : enable adaptation
DA  : disable adaptation
A   : abort program execution
```

> C Anfahren des Adaptivreglers ueber anfaengliche Steuerung
> C mit rechteckfoermigem Signal
> C
> S
  initialization of process parameters:
  (process description: $G(1/z) = 1/z * B(1/z) / A(1/z)$
  degree of A: 3
  degree of B: 2
  change default initialization of A and B
  (A[0] = 1, other coefficients = 0) ? (Y/N) [N] __

  enable Estimation , Param. comp., Both or None (E,P,B,N) [B]: E

  change the default channel assignment
  (ref.: 0, feed.: 1, contr. output: 0) ? (Y/N) [N] __

7.2 Eine komplexere Abtastregelung

```
setting/modification of controller parameters:
sampling time [milliseconds]: 200
controller output limitation [volts]: 5
modify controller parameters R,S,T ? (Y/N) [N] Y
DegR: 0
R[0]: 1
DegS: 0
S[0]: 0
DegT: 0
T[0]: 0.5
> TEP
current process parameters: (estimation enabled)
A[0..3]:    1.000     -2.089     2.011     -0.922
B[0..2]:    0.02208   0.11032    0.06528
> FA
enable Estimation , Param. comp., Both or None (E,P,B,N) [B]: __
polynomials specified by poles in s-plane ? (Y/N) [N] __
degree of observer polynomial A0: 3
if conjugated complex poles, input them first
Re[p1]: -4
Im[p1]: 2.5
p2 assumed conjugated complex
p3: -5
degree of denominator polynomial Am: 3
if conjugated complex poles, input them first
Re[p1]: -2.31
Im[p1]: 1.6
p2 assumed conjugated complex
p3: -6.1
derivative compensation ? (Y/N) [N]: __
>
```

Zum Schluss werden einige Resultate stichwortartig zusammengefasst.

a) regelungstechnische Resultate:

- direktes Anfahren des Adaptivreglers ohne Kenntnis
  der Streckenparameter ist nicht möglich
- eine Steuerung der Strecke ist zum Anfahren geeignet
- die Wahl des Beobachters ist nicht kritisch
- stationärer Fehler eher gross (Haftreibung)
- die Strecke ist leicht nichtlinear (Getriebereibung)

b) programmtechnische Resultate:

- Zeitbedarf auf LSI-11 für:

  . Grundregelung   : 12 ms
  . Parameterestimation   : 60 ms
  . Reglerparameterberechnung : 100 ms (Beobachter 3.Ordnung)
                                75 ms (Beobachter 2.Ordnung)

- Programmgrösse: Code   : ca. 35 K Bytes (für LSI-11)
                    Source : 2300 Zeilen + 1200 Zeilen für Driver

164   7. Beispiele zur Anwendung von Echtzeitsprachen

- Compilationszeit:

  . PDP-11/34 mit RK06-Disk, RSX-11M, einziger Benutzer: ca. 30 Min.
  . VAX-11/780 mit RK07,RM80-Disks, VMS, einziger Benutzer: ca. 4 Min.

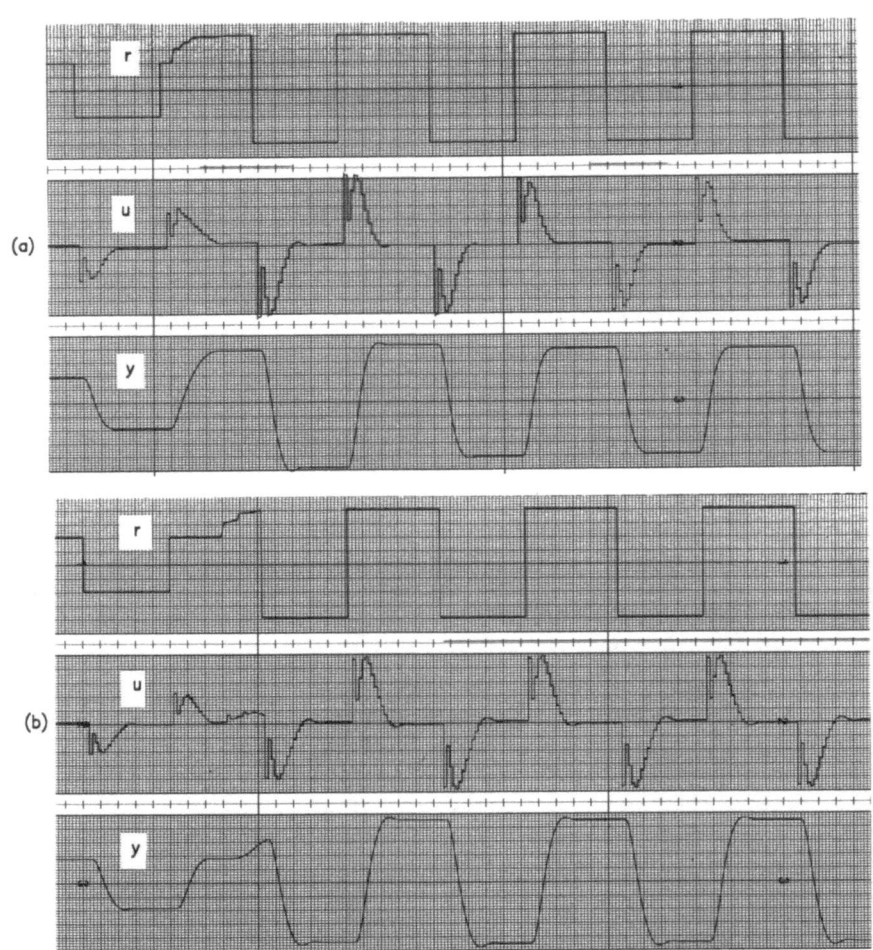

Amplitudenskalen: 200 mV/Div,   Zeitskalen: 1 s/Div

Bild 7.20   Regelung des Servosystems:
            Verdopplung der Referenzgrösse bei eingeschalteter
            Adaption (a) und bei ausgeschalteter Adaption (b)
            r : Referenzgrösse, u : Stellgrösse
            y : Regelgrösse (verglichen mit Referenzgrösse)

7.3 Steuerung einer Modelleisenbahn

7.3.1 Aufgabenstellung

Es soll eine einfache Steuerung für die in Bild 7.21 dargestellte Modelleisenbahn entworfen werden.

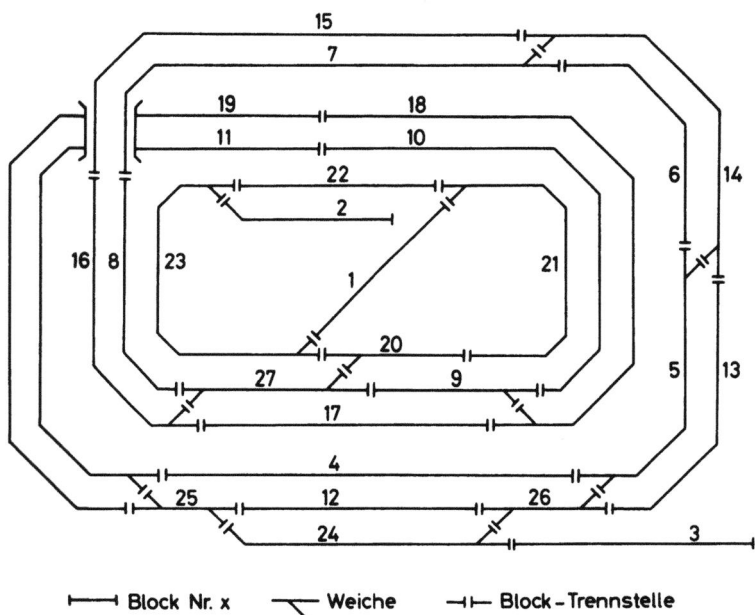

|⊢——⊣ Block Nr. x   ⇁⟨— Weiche   —⊣ ⊢— Block-Trennstelle

Bild 7.21 Grundriss der Modelleisenbahn mit Blockeinteilung

Die Modelleisenbahn ist in Blöcke eingeteilt. Die Blöcke können einzeln unter Spannung gesetzt werden. Jeder Block verfügt i.a. über vier zwischen den Schienen gemäss Bild 7.22 angeordnete Reedrelais.

```
-----| |---------------------------| |-----
       R R                          R R
```

Bild 7.22 Block mit Anordnung der Reedrelais "R R"

Die mittleren beiden Relais in Bild 7.22 werden interpretiert als Bremssignale, die beiden äusseren als Haltsignale bzw. als Signale zur Freigabe des angrenzenden Blockes (Blockfreigabesignale). Die

Reedrelais werden von Magneten betätigt, die an der Lokomotive und am Schlusswagen eines jeden Zuges angebracht sind. Damit können die Positionen der Züge erfasst werden. Die Modelleisenbahn ist an einen Prozessrechner angeschlossen. Vom Rechner her kann man Blöcke unter Spannung setzen und Weichen stellen. Bei Betätigung eines Reedrelais wird ein Interrupt-Signal an den Rechner gesandt. Es kann dann auch festgestellt werden, welches Reedrelais angesprochen hat.

Es soll nun ein Steuerprogramm erstellt werden, mit dem mehrere Züge nach einem vorgegebenen Fahrplan gesteuert werden können. Solche Fahrpläne enthalten für jeden Zug eine Folge von Blöcken. Jeder Block ist mit Abfahrts- und Ankunftszeiten versehen und eventuell mit abzuwartenden "Anschlüssen" (Positionen anderer Züge). Blöcke mit aufeinanderfolgenden Nummern grenzen meist physikalisch aneinander.

7.3.2 Gliederung der Steuerung

Die folgende Dreiteilung der Steuerung hat sich als zweckmässig erwiesen:

- In einer Dispositionsstufe wird für jeden Zug aus dessen Fahrplan eine Folge von elementaren Fahrbefehlen erzeugt. Ein elementarer Fahrbefehl ist dabei ein Befehl, einen Zug von einem Block in einen angrenzenden Block zu führen. Ein solcher Fahrbefehl wird i.a. mit verschiedenen weiteren Angaben versehen sein (z.B.: Abfahrtszeit, Geschwindigkeit, abzuwartende Bewegungen anderer Züge usw.).

- In einer Blockfahrstufe werden die elementaren Fahrbefehle der einzelnen Züge entgegengenommen und ausgeführt. Dabei werden elementare Steuerbefehle erzeugt. Elementare Steuerbefehle sind:
  . einen Block unter Spannung setzen
  . eine Weiche stellen
  . einen Interrupt eines Reedrelais erwarten

  Die Blockfahrstufe soll auch garantieren, dass nie ein Block von mehr als einem Zug gleichzeitig benützt wird.

- In einer Driverstufe werden die elementaren Steuerbefehle ausgeführt. Nach einem Interrupt-Signal eines Reedrelais wird zuerst die Nummer des auslösenden Reedrelais ermittelt. Falls ein Interrupt dieses Reedrelais erwartet wurde, wird eine entsprechende Meldung an die Blockfahrstufe abgegeben.

7.3 Steuerung einer Modelleisenbahn

7.3.3 Dispositionsstufe

Die Arbeiten in der Dispositionsstufe können online oder offline durchgeführt werden. Die Dispositionsaufgabe hat sich als eine recht schwierige und komplexe Aufgabe erwiesen. Es wurden einige wenige heuristische Lösungsansätze entworfen. Ein näheres Eingehen auf die Dispositionsstufe würde den Rahmen der vorliegenden Beispielreihe sprengen.

7.3.4 Blockfahrstufe

Bei der Gestaltung der Blockfahrstufe stellt man einmal fest, dass grundsätzlich für jeden Zug die gleichen Aufgaben zu lösen sind. Es genügt deshalb, einen einzelnen Zug zu betrachten. Die Bewegung eines Zuges gemäss den elementaren Fahrbefehlen wird von verschiedenen Ereignissen beeinflusst. Solche Ereignisse sind zum Beispiel:

- ein Bremssignal wird überfahren
- ein Haltsignal wird überfahren
- ein Blockfreigabesignal wird überfahren
- ein Abfahrtszeitpunkt wird erreicht
- eine Blockfreigabe wird gemeldet
- ein abzuwartender Zugsanschluss wird gewährleistet

Die Steuerung eines Zuges wird nun wesentlich erschwert durch die Tatsache, dass einige dieser Ereignisse gleichzeitig eintreten können. Zudem verlangen die ersten beiden Ereignisse aus Sicherheitsgründen ein sofortiges Reagieren. Dies lässt sich am einfachsten gewährleisten, indem für die Steuerung eines Zuges zwei Prozesse vorgesehen werden. Ein Prozess "Fahrer" mit hoher Priorität reagiert auf das Ueberfahren von Brems- und Haltsignalen. Ein Prozess "Abfertiger" mit tiefer Priorität reagiert auf die übrigen Ereignisse. Das Warten auf diese Ereignisse lässt sich nun aus drei Gründen nicht direkt in ein Warten auf entsprechende PORTAL-Signale abbilden. Erstens kann ein Prozess in PORTAL jeweils nur auf ein bestimmtes Signal warten. Er kann nicht auf irgend ein Signal aus einer Menge von Signalen warten. Zweitens bleibt ein gesendetes Signal, auf das im Moment kein Prozess wartet, ohne Wirkung (es "verpufft"). Dies wäre bei den hier vorliegenden Ereignissen offensichtlich nicht zulässig. Drittens genügt die durch das Signal direkt gelieferte Information ("Ereignis eingetreten") nicht immer. Bei einer Blockfreigabe ist es zum Beispiel wichtig zu wissen, welcher Block freigegeben wurde.

7. Beispiele zur Anwendung von Echtzeitsprachen

Für das Warten auf Ereignisse und für das Melden von Ereignissen kann man ein Meldungssystem einführen. Dieses besteht aus Meldungspuffern mit Prozeduren zum Einfügen und Herausnehmen von Meldungen. Man kann dann dem "Abfertiger" und dem "Fahrer" Meldungspuffer zuordnen. Aufgrund obiger Ueberlegungen wurde dann die in Bild 7.23 dargestellte Grobstruktur für die Blockfahrstufe gewählt.

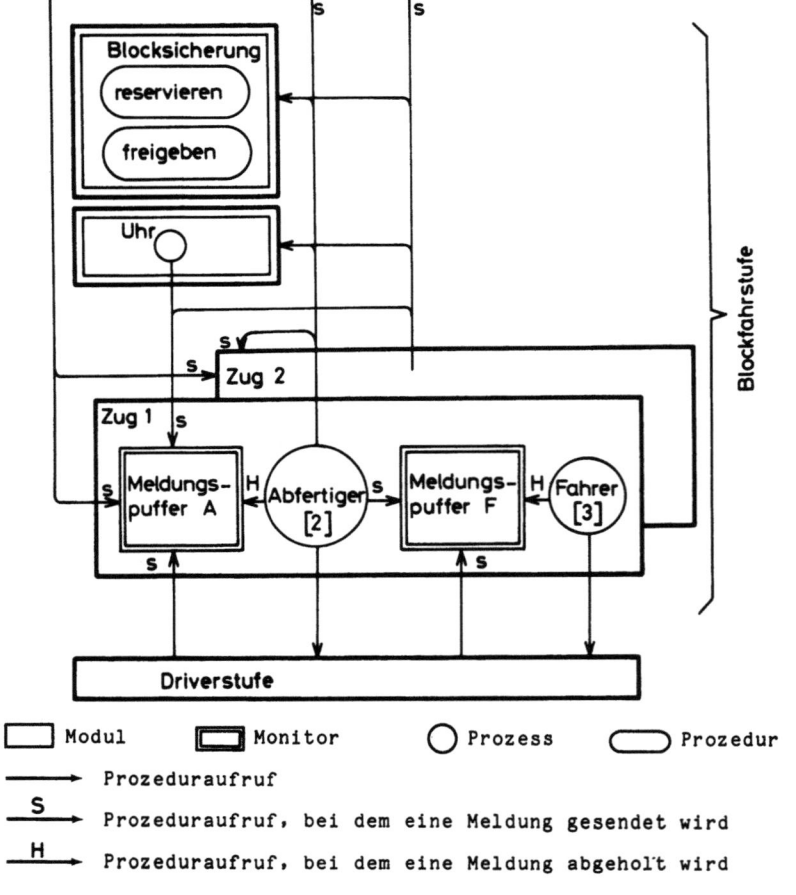

Bild 7.23 Grobstruktur der Blockfahrstufe (für zwei Züge)

7.3 Steuerung einer Modelleisenbahn

Bild 7.23 zeigt die Grobstruktur für zwei Züge. Eine Erweiterung auf mehr Züge ist trivial. Der "Abfertiger" kann bei der Verarbeitung eines Fahrbefehls grob wie folgt vorgehen (vgl. Bild 7.23):

- Fahrbefehl über "MeldungspufferA" entgegennehmen.
- Prüfen, ob Zeitpunkt für Ausführung schon erreicht. Wenn nein, "Weckauftrag" an Uhr geben und warten.
- Prüfen, ob bestimmte Bewegungen oder Positionen anderer Züge abzuwarten sind. Wenn ja, diese abwarten.
- Gewünschten Zielblock reservieren. Falls dieser besetzt ist, "Reservationswunsch" in "Blocksicherung" anbringen und auf Blockfreigabe warten.
- Weichen stellen. An "Driverstufe" melden, welches Blockfreigabesignal erwartet wird.
- Fahrbefehl an "Fahrer" übergeben.

Der "Fahrer" kann bei der Verarbeitung eines Fahrbefehls grob wie folgt vorgehen (vgl. Bild 7.23):

- Fahrbefehl über "MeldungspufferF" entgegennehmen.
- An "Driverstufe" melden, welches Brems- und welches Haltsignal erwartet wird.
- Nötige Blöcke unter Spannung setzen.

Man beachte, dass die eben aufgeführten Tätigkeitslisten für "Abfertiger" und "Fahrer" nur eine mögliche Behandlung eines Fahrbefehls in der Blockfahrstufe skizzieren. Es sind keineswegs mit einem Flussdiagramm gleichwertige Skizzen. Sie sind es insbesondere deshalb nicht, weil die Prozesse beim Warten auf eine bestimmte Meldung auf andere eintreffende Meldungen reagieren müssen. Je nach Zustand des Zuges und je nach Art der Meldung müssen dann verschiedene Aktionen erfolgen. Hier wird nicht mehr weiter auf die Blockfahrstufe eingegangen. Der interessierte Leser wird auf die Studienarbeit [3] verwiesen.

7.3.5 Driverstufe

Die "Driverstufe" bildet keine besonderen Probleme. Ein Driverprozess kann die erwarteten Interrupt-Signale der Reedrelais verarbeiten. Weiter wird man Prozeduren vorsehen, um Weichen zu stellen und um Blöcke unter Spannung zu setzen.

7.4 Programmtechnische Resultate

- Auslastung eines LSI-11-Rechners bei
  Betrieb mit 4 Zügen (Fahrpläne ohne wesentliche Pausen),
  offline Disposition: ca. 5 %

- Programmgrösse:
  Code   : ca. 30 K Bytes (für LSI-11)
  Source: 1800 Zeilen + 700 Zeilen für Terminal- und Disk-Driver

- Compilationszeit:
  VAX-11/780, VMS, einziger Benutzer: ca. 3 min.

7.5 Literaturverzeichnis zu Kapitel 7

[1] Aström K.J.: Self tuning regulators based on pole-zero placement, IEE-Proc., Vol. 127, Pt.D. Nr.3, 1980.

[2] Huguenin F.: Zustandsregelung eines elektromechanischen Systems mittels Mikrorechner, Elektroniker Nr.10/1979.

[3] Janes P., Santschi A.: Optimale Steuerung einer Modelleisenbahn, Studienarbeit Nr. AIE-8446, 1981/82, ETH-Zürich

[4] Glattfelder A.H., Schaufelberger W., Tödtli J.: Diskrete Proportional-Integral-Differential-Regler mit Anti-Windup Massnahmen. SGA Bulletin 1,2 1983.

Stichwortverzeichnis

Ablaufsteuerung 78, 99
Ablaufstruktur 31
Abtastregelung 128
Abtastzeit 144
Accounting 72
Ada 117, 48, 50
Adaptivregler 149
Adressraum
- physikalisch 76
- virtuell 76
ALGOL 48
APL 48, 49
Arbeits- und Dienstprogramme 85
Arbeitsprogramm 72
Array 17
Assembler 39
Assemblersprache 39
Auto-Patch 95
Automatisierungssystem 1
Backus-Naur-Form 32
BASIC 48, 49, 54
Batch 68
Batchprozessor 78, 96
Baumdiagramm 13
Befehlserzeugung 62, 63, 66
Benutzerprozess 103
Betriebssystem 103, 68
Betriebssystemfunktion 103
Bibliotheksverwaltungsprogramm 93
Bindeprogramm Ladeprogramm 89
Binder 39
Block 6
Blockfahrstufe 166
Boolean 16
Bootstrap 69
Bottom-Up Verfahren 32
Breakpoint 92
Char 16
COBOL 48, 49
Code Generator 62
Compilationszeit 135, 164, 170
Compiler 62
Context Switching 80
Control Language 74
Critical Section 106
Cross Assembler 69
Cross Compiler 69

Cross Stimulation 111, 98
Daten
- skalare 15
- strukturierte 15
Datenstrukturen
- dynamische 19
- statische 16
Datentypen
- selbstdefinierte 16
Deadlock 26, 83
Debugging 71, 81
Deskriptor 113
Device Assignement Table 82
Directory 81
Dispatching 78
Dispositionsstufe 166
Down Line Loading 69
Driver 84
Driverstufe 166, 169
Echtzeitbetrieb 80
Echtzeitbetriebssystem 98
Echtzeitprogrammierung 2
Echtzeitsprache
- höhere 116
Editor 86
Einprozessorsystem 109
Ereignis
- externes 115
Error Recovery 63
Event Flag 80
Exception 81
Executive 70
Fehlerbehandlung 65
File Handling 71, 81
File 19
Fileorganisation 70
Flickprogramm 94
Flussdiagramm 5
FORTH 48, 49
FORTRAN 48, 55
Freigabemechanismus 119
Full Screen Editor 88
Gastrechner 69
Gegenseitiger Ausschluss 106, 23, 24, 28, 98
Grundsymbol 29
Handler 84

Stichwortverzeichnis

Hintergrundprozess 122
Host Computer 69
Informationsliste 113
Integer 15
Interpreter 66
Interrupt
 - Prozess 115, 122
 - Routine 115
 - Signal 115
 - System 115, 121
Kern 99
Kernfunktion 103
Kommunikationsverbindung 23
Kopierroutine 85
Koppelung
 - lose 109
Kritischer Abschnitt 106
Label 44
Ladeprogramm 40
Leerlaufprozess 103
Lexikalische Analyse 62
Linkage Editor 89
Linker 89
Linking Loader 90
Linking 90
Mainframe 68
Makroaufruf 6
Marke 23, 44
Markierung 21
Maschinenprogramm 39
Mehrfachverzweigung 12, 6, 9
Mehrprozessorsystem 109
Meldungspuffer 168
Memory Protection Violation 85
Memory Resident 80
Menge 18
Metasymbol 30
Modellbildung 156
Modelleisenbahn 165
Modul 118
Modula-2 117, 48, 50
Monitor Request 84
Monitor 70, 72
Monitoren 118
Multiprogramming 79
Multitasking 79
Mutual Exclusion 23, 98
Notation
 - umgekehrte polnische 37
Nukleus 99
Optimierung 62
Optimizer 62
Overlaytechnik 75
Page (Speicherseite) 76
Paralleler BatchBetrieb 79
Parameterestimation 149
Parameterschätzung 158
Parser 62, 63
PASCAL 11, 12, 31, 48, 50, 53
Patch Program 94

PEARL 117
Petrinetz 21
PL/1 48, 49
PLO 63
Polfestlegung 154, 160
PORTAL 117, 48, 50
Position Independent 78
Priorität 102, 80, 98
Producer Consumer Problem 24
Produzent-Konsument 24
Programm
 - ausführbares 77
 - lauffähiges 39
 - paralleles 20
 - sequentielles 5
Programmablauf
 - echt parallel 20
 - quasi parallel 20
Programmgrösse 135, 163, 170
Programmiersprache
 - höhere 46, 48
Programmierung
 - strukturierte 33
Programmstruktur 52
Prozess
 - zyklischer 122
Prozess 117, 20
Prozessdeskriptor 99
Prozessliste 113
Prozessorzustand 121
Prozessorzuteilung 100
Prozesssynchronisation 105, 98
Prozessumschaltung 102
Prozesszustand
 - bereit 100
 - blockiert 100
 - laufend 100
Prüfinformation 77
Pseudobefehl 41
Quellenprogramm 39
Real Time 80
Real 15
Record 16
Recursive Least Squares 154
Reentrant 118
Regelungssystem 2
Regler 132
Rekursive Prozedur 51
Relocation 39, 90
Reloziert 78
Reservationsmechanismus 119
Resource
 - nonshareable 83
Resource 82
Ressource 118
ROM (Read Only Memory) 68
Routine 118
Rückassemblierung 92
Run Time System 89
Scanner 62

Stichwortverzeichnis

Scheduler 80
Scheduling 71, 78
Schleife
- mit Ausgang in der Mitte 10
- mit Test am Anfang 10, 42
- mit Test am Ende 10, 42
- mit fester Durchlaufzahl 10
Seite (im Arbeits-Speicher) 76
Seitenwechselalgorithmus 77
Semantik 29, 32
Semaphorvariable 108
Send-Funktion 119
Sequentieller Batch-Betrieb 79
Sequenz 12, 8
Servosystem 155
Set 18
Shareable Resource 82
Single Board Computer 72
Single Job 78
Single Task 78
Software-Interrupt 122
Speichermultiplex 77
Speicherplatzreservation 66
Speicherverwaltung 74
Spooler 83
Spooling 83
Sprung
- bedingter 42
- unbedingter 42
Stack Overflow 85
Stapel 33
Steuerprogramm 72
Steuersprache 74
Steuerungssystem 2
Stimulation 111
Stimulus 99
Struktogramm 8
Supervisor Call 84
Symbol 62
Symboltabelle 40, 44
Synchrone Abhängigkeit 106, 110
Synchronisation 105, 29
Synchronisationselement 112
Synchronisationsfunktion
- P(S) 108
- V(S) 108
- empfangen 114
- senden 114
Synchronisationsfunktion 113

Synchronisationswerkzeug
- Monitor 118
- Signal 118
Syntax 29
Syntaxanalyse 62
Syntaxdiagramm 29
System Device 70
System-Prozess 103
Systemfunktion
- entriegeln 107
- lösen 109
- verriegeln 107
- warten 104
Systemfunktion 103, 72
Systemgenerierung 95
Systemgerät 70
Systemroutine 72
Systemtabelle 81
Systemüberwachung 85
Taschenrechner 33
Terminales Symbol 29
Testhilfsprogramm 91
Time Sharing 79
Time Slice 79
Top-Down-Verfahren 32
Tracing 92
Treiber-Prozess 129
Umschaltstrategie 105
Umschaltung
- dringlichkeitsgesteuert 105
- zyklische 105
Unterprogrammaufruf 6
Urlader 69
Utility 72
Verdrängung 98
Vergleichsprogramm 94
Verklemmung 110, 26, 83
Virtuelle Adressierung 76
Wait-Funktion 119
Wiederholungsanweisung 12
z-Bereich 153
Zeitbedarf 135, 163
Zeitliche Bedingung 115, 120
Zeitliche Synchronisation 25
Zustand 21
Zustandsdiagramm 21
Zustandsübergang 21
Zweifachverzweigung 12, 6, 9
Zyklus 122

Teubner Studienbücher

Mathematik

Ahlswede/Wegener: **Suchprobleme.** DM 29,80
Aigner: **Graphentheorie.** DM 29,80
Ansorge: **Differenzenapproximationen partieller Anfangswertaufgaben.** DM 29,80 (LAMM)
Behnen/Neuhaus: **Grundkurs Stochastik.** DM 36,–
Bohl: **Finite Modelle gewöhnlicher Randwertaufgaben.** DM 29,80 (LAMM)
Böhmer: **Spline-Funktionen.** DM 32,–
Bröcker: **Analysis in mehreren Variablen.** DM 32,80
Bunse/Bunse-Gerstner: **Numerische Lineare Algebra** 314 Seiten. DM 34,–
Clegg: **Variationsrechnung.** DM 18,80
v. Collani: **Optimale Wareneingangskontrolle.** DM 29,80
Collatz: **Differentialgleichungen.** 6. Aufl. DM 32,– (LAMM)
Collatz/Krabs: **Approximationstheorie.** DM 28,–
Constantinescu: **Distributionen und ihre Anwendung in der Physik.** DM 21,80
Dinges/Rost: **Prinzipien der Stochastik.** DM 34,–
Fischer/Sacher: **Einführung in die Algebra.** 3. Aufl. DM 22,80
Floret: **Maß- und Integrationstheorie.** DM 32,–
Grigorieff: **Numerik gewöhnlicher Differentialgleichungen** Band 2: DM 32,80
Hainzl: **Mathematik für Naturwissenschaftler.** 4. Aufl. DM 34,– (LAMM)
Hässig: **Graphentheoretische Methoden des Operations Research.** DM 26,80 (LAMM)
Hettich/Zenke: **Numerische Methoden der Approximation und semi-infinitiven Optimierung.** DM 24,80
Hilbert: **Grundlagen der Geometrie.** 12. Aufl. DM 26,80
Jeggle: **Nichtlineare Funktionalanalysis.** DM 26,80
Kall: **Analysis für Ökonomen.** DM 28,80 (LAMM)
Kall: **Lineare Algebra für Ökonomen.** DM 24,80 (LAMM)
Kall: **Mathematische Methoden des Operations Research.** DM 25,80 (LAMM)
Kohlas: **Stochastische Methoden des Operations Research.** DM 25,80 (LAMM)
Krabs: **Optimierung und Approximation.** DM 26,80
Lehn/Wegmann: **Einführung in die Statistik.** DM 24,80
Müller: **Darstellungstheorie von endlichen Gruppen.** DM 24,80
Rauhut/Schmitz/Zachow: **Spieltheorie.** DM 32,– (LAMM)
Schwarz: **FORTRAN-Programme zur Methode der finiten Elemente.** DM 24,80
Schwarz: **Methode der finiten Elemente.** 2. Aufl. DM 38,– (LAMM)
Stiefel: **Einführung in die numerische Mathematik.** 5. Aufl. DM 32,– (LAMM)
Stiefel/Fässler: **Gruppentheoretische Methoden und ihre Anwendung.** DM 29,80 (LAMM)
Stummel/Hainer: **Praktische Mathematik.** 2. Aufl. DM 36,–
Topsøe: **Informationstheorie.** DM 16,80

Preisänderungen vorbehalten

Teubner Studienbücher Fortsetzung

Mathematik Fortsetzung

Uhlmann: **Statistische Qualitätskontrolle.** 2. Aufl. DM 38,— (LAMM)
Velte: **Direkte Methoden der Variationsrechnung.** DM 26,80 (LAMM)
Vogt: **Grundkurs Mathematik für Biologen.** DM 21,80
Walter: **Biomathematik für Mediziner.** 2. Aufl. DM 23,80
Winkler: **Vorlesungen zur Mathematischen Statistik.** DM 26,80
Witting: **Mathematische Statistik.** 3. Aufl. DM 26,80 (LAMM)

Preisänderungen vorbehalten

Teubner Studienbücher

Informatik

Berstel: **Transductions and Context-Free Languages**
278 Seiten. DM 38,— (LAMM)

Beth: **Verfahren der schnellen Fourier-Transformation**
316 Seiten. DM 34,— (LAMM)

Bolch/Akyildiz: **Analyse von Rechensystemen**
Analytische Methoden zur Leistungsbewertung und Leistungsvorhersage
269 Seiten. DM 29,80

Dal Cin: **Fehlertolerante Systeme**
206 Seiten. DM 24,80 (LAMM)

Ehrig et al.: **Universal Theory of Automata**
A Categorical Approach. 240 Seiten. DM 24,80

Giloi: **Principles of Continuous System Simulation**
Analog, Digital and Hybrid Simulation in a Computer Science Perspective
172 Seiten. DM 25,80 (LAMM)

Kupka/Wilsing: **Dialogsprachen**
168 Seiten. DM 21,80 (LAMM)

Maurer: **Datenstrukturen und Programmierverfahren**
222 Seiten. DM 26,80 (LAMM)

Oberschelp/Wille: **Mathematischer Einführungskurs für Informatiker**
Diskrete Strukturen. 236 Seiten. DM 24,80 (LAMM)

Paul: **Komplexitätstheorie**
247 Seiten. DM 26,80 (LAMM)

Richter: **Logikkalküle**
232 Seiten. DM 24,80 (LAMM)

Schlageter/Stucky: **Datenbanksysteme: Konzepte und Modelle**
2. Aufl. 368 Seiten. DM 34,— (LAMM)

Schnorr: **Rekursive Funktionen und ihre Komplexität**
191 Seiten. DM 25,80 (LAMM)

Spaniol: **Arithmetik in Rechenanlagen**
Logik und Entwurf. 208 Seiten. DM 24,80 (LAMM)

Vollmar: **Algorithmen in Zellularautomaten**
Eine Einführung. 192 Seiten. DM 23,80 (LAMM)

Weck: **Prinzipien und Realisierung von Betriebssystemen**
2. Aufl. 299 Seiten. DM 34,— (LAMM)

Wirth: **Compilerbau**
Eine Einführung. 3. Aufl. 117 Seiten. DM 17,80 (LAMM)

Wirth: **Systematisches Programmieren**
Eine Einführung. 5. Aufl. 160 Seiten. DM 23,80 (LAMM)

Preisänderungen vorbehalten

MIX
Papier aus verantwortungsvollen Quellen
Paper from responsible sources
FSC® C105338

If you have any concerns about our products,
you can contact us on
ProductSafety@springernature.com

In case Publisher is established outside the EU,
the EU authorized representative is:
**Springer Nature Customer Service Center GmbH
Europaplatz 3, 69115 Heidelberg, Germany**

Printed by Libri Plureos GmbH
in Hamburg, Germany